T0157337

Printed in the United States
By Bookmasters

رحلة في تاريخ العلم:
كيف تطورت فكرة لاتناه العالم؟

د. أيوب أبو ديّة

رحلة في تاريخ العلم:
كيف تطورت فكرة لاتناه العالم؟

دار الفارابي

الكتاب: رحلة في تاريخ العلم:
كيف تطورت فكرة لاتناه العالم؟
المؤلف: د. أيوب أبو ديّة
الغلاف: فارس غصوب

الناشر: دار الفارابي ـ بيروت ـ لبنان
ت: 301461(01) ـ فاكس: 307775(01)
ص.ب: 11/3181 ـ الرمز البريدي: 2130 1107
e-mail: info@dar-alfarabi.comwww.dar-alfarabi.com
الطبعة الأولى 2010
ISBN:978-9953-71-607-7

المملكة الأردنية الهاشمية
رقم الإيداع لدى دائرة
المكتبة الوطنية
(2009/12/5171)

تباع النسخة الكترونياً على موقع:
www.arabicebook.com

المقدمة

كنت قد درجت على استخدام إشارة اللامتناه (!) منذ دراستي الرياضيات في المدرسة، وتعاظم استخدامي لها خلال دراستي الجامعية للهندسة فيما بعد، ولم أتساءَل قط عن الأبعاد التاريخية والفكرية لهذا المفهوم أو المصطلح إلا عندما فتحت دراستي للفلسفة آفاقاً رحبة.

كان أول من استخدم إشارة ! ، فيما يظن، هو العالم الإنجليزي جون والاس (John Wallas) ، عام 1655، ولكن البابليين كانوا قد تساءَلوا حول هذه الكمية اللامتناهية قبله بثلاثة آلاف عام، كذلك فعل الهنود، وتساءَل الإغريق الأيونيون قبله بأكثر من ألفي سنة وذهبوا بعيداً في تصوراتهم تلك. ولكن، ما لبثت الفلسفة الإغريقية أن تراجعت بعد نزوح الأيونيين بفعل الاحتلال الفارسي، فصاروا يضطهدون العلماء، وأصبح الحديث عن العوالم اللامتناهية والفوضى اللامتناهية وسبب تنظيمها هو ضرب من الكفر آلَ بأصحابها إلى النفي أو الهلاك.

واستمر الاضطهاد في القرون الوسطى المسيحية، فالحديث عن كون لامتناه بات كفراً وهرطقة، وكان مجرد

التفكير: أن الأرض ليست مركز الكون! هو هرطقة عقابها الحرق؛ لأنهم اعتقدوا أن اللامتناه صفة من صفات الله. كذلك فعلوا بجوردانو برونو الذي أعلن عن انطلاقة الثورة العلمية الكبرى بموته حرقاً على خشبة في روما، إذ غدا العلماء الذين جاؤوا من بعده أكثر شجاعة في التصريح بعلومهم وزال الخوف من صدورهم بصورة تدرجية.

أعترف أن فكرة الكون اللامتناه ما زالت تؤرقني حتى بعد إنجاز هذا الكتاب، وبخاصة عندما أتطلع إلى الكون الفسيح في الليل وأرى النجوم شموساً عند أبعاد فلكية، أو عندما أتصفح الإنترنت وأتعثر بصور حديثة لمجرات جديدة عند أبعاد خيالية تصل إلى نحو 14 بليون سنة ضوئية، حيث السنة الضوئية الواحدة تساوي نحو عشرة آلاف مليار كيلومتر (عشرة تريليون كيلومتر)، فأعود لاضطرب من جديد وأتساءَل:

هل كان العقل البشري "مصمماً" تاريخياً لاستيعاب هذه الظاهرة؟

ألم يكن التطور التاريخي للإنسان يُهيئه لمواجهة المتناه من المخاطر والتحديات فقط؟

ثم أعود مرة أخرى لأفكر في جوردانو برونو؛ الذي صرح بهذه الفكرة قبل أكثر من أربعمئة سنة ودفع ثمنها غالياً؛ كل ذلك جعلني اتجه صوب كتابة هذا العمل لأرى كيف تطورت هذه الفكرة عبر التاريخ واكشف عن منطوياتها

الفلسفية واللاهوتية والاجتماعية؛ وعن الطريقة التي أسست فيها للعلم الحديث وقوانين الحركة، بدءاً من غاليليو وكبلر ونيوتن الذين أرسوا قواعد العلم الحديث.

فالكتاب بمثابة بحث في تاريخ فكرة اللامتناه منذ الإغريق حتى القرن السابع عشر؛ وارتباطها بعلم الهيئة - الفلك - والرياضيات والهندسة والجبر والفلسفة، وكيف تطورت هذه العلاقات عبر صنوف المعرفة المختلفة؛ لتحدث انقلابة هائلة في الفكر البشري؛ جعلته ينتقل من المحدود المتناه في الصفة والمقدار إلى اللامحدود اللامتناه الذي يصعب التفكر فيه، والذي فتح آفاق اكتشاف التفاضل والتكامل الذي من دونه ما تمكّن إسحق نيوتن من تعريف السرعة والتسارع، ولما استطاع أن يتوصل إلى قوانينه في الحركة التي مازال المهندسون يشتغلون وفقها بدقة متناهية لبناء العالم المعاصر الذي نراه اليوم من حولنا.

الــمــؤلـف
أيّوب أبو ديّة
عمّان في 2009/9/9

تمهيد

"استهل هلاله ليلة الثلاثاء، بموافقة التاسع لشهر أكتوبر، ونحن على ظهر المركب بمُرسى عكا منتظرون كمال وسقه، والإقلاع باسم الله تعالى، وبركته، وجميل صنعه، وكريم مشيئته والله المستعان. وتمادى مقامنا فيه مدة اثني عشر يوماً، لعدم استقامة الريح" (1).

يصف محمّد بن جبير في رحلته الأولى التي بدأها عام 1183 من غرناطة في الأندلس قاصداً الحج؛ فأبحر إلى المغرب، فالبحر الأبيض المتوسط، فمصر، فالبحر الأحمر، فشبه الجزيرة العربية، حيث حج إلى بيت الله الحرام، ثم عاد منها إلى العراق فبلاد الشام، فصقلية، في طريق عودته إلى غرناطة. واستغرقت الرحلة عامين وثلاثة أشهر ونصف (2).

ثم يصف عاصفة تعرضت لسفينته في البحر الأبيض المتوسط قائلاً:

---

(1) محمّد بن جبير، رحلة ابن جبير؛ تقديم حسين نصار، طبعة خاصة، دمشق: دار المدى، 2004، ص 268.

(2) م. ن، ص 18.

" واتصل جرينا، والريح الموافقة تأخذ وتدع نحو خمسة أيام. ثم هبت علينا الريح الغربية من مَكمنها، دافعة في وجه المركب. فأخذ رئيسه ومدبَره الرومي الجنويَّ، وكان بصيراً بصنعته، حاذقاً في شغل الرياسة البحرية، يراوغها تارة يميناً، وتارة يساراً، طمعاً أن لا يرجع على عقبه، والبحر في أثناء ذلك زهو ساكن، فلما كان نصف الليل، أو على قريب منه، ليلة السبت التاسع عشر لرجب المذكور، والسابع والعشرين لأكتوبر، ترددت علينا الريح الغربية، فقصفت قريّة الصاري المعروف بالأردمون، وألقت نصفها في البحر مع ما اتصل بها من الشراع، وعصم الله من وقوعها في المركب، لأنها كانت تشبه الصواري عظماً وضخامة. فتبادر البحريون إليها، وحُطّ شراع الصاري الكبير، وعُطّل المركب من جَريه، وصيحَ بالبحريين الملازمين للعشاريِّ المرتبط بالمركب. فقصدوا إلى نصف الخشبة الواقعة في البحر، وأخرجوها مع الشراع المرتبط بها. وحصلنا في أمر لا يعلمه إلا الله عز وجل. وشرعوا في رفع شراع الصاري الكبير، وأقاموا في الأردمون شراعاً يعرف بالدلون. وبتنا بليلة شهباء، إلى أن وَضُحَ الصباح، وقد منّ الله عز وجل بالسلامة" (3).

أردت من هذه الرواية أن أوضـّح مشاق السفر في القرن الثاني عشر للميلاد، حيث كانت الملاحة في البحر المتوسط

---

(3)م. ن، ص 269.

باتجاه الغرب تعتمد على ريح شرقية تهب في فصلي الربيع والخريف، وقد كانت تستغرق الرحلة البحرية، آنذاك، من شواطئ فلسطين إلى إسبانيا أكثر من شهر، وكانت أكثر أمناً من الأسفار البرية في تلك الأزمان. ثم إذا خرجت السفينة من مضيق جبل طارق فإذا بالمحيط الأطلسي يطل على ركابها بأفقه اللامحدود؛ غير المكتشف بعد عند شواطئه الغربية؛ أفقه المنفتح إلى ما لا نهاية!

في تلك الأزمان كان اكتشاف الكرة الأرضية غير مكتمل بعد، فما بالك بالفضاء المرصع بالنجوم المتناثرة في قبة السماء المترامية الأطراف. كان الاعتقاد السائد آنذاك، منذ أرسطو في القرن الرابع قبل الميلاد، أن الأرض دائرية الشكل وهي مركز الكون المحدود، وتحيط بالأرض أفلاك سبعة تنتهي بفلك النجوم، وعنده ينتهي الكون المحدود من جهة مركزه الأرض؛ فيما يقبع فلك النجوم الذي يُحيط بأطرافه من جهة نهايته المحدودة الأخرى، حيث يتموضع المحرك الذي لا يتحرك الذي تُعزي إليه الدفعة الأولى التي حركت الأفلاك تباعاً.

وقد ساد نموذج بطلميوس المعدّل لنموذج أرسطو بين أوساط علماء الفلك (باستثناء بعض التعديلات الطفيفة) لغاية القرن السادس عشر، حينما طرح كوبرنيق نموذجه الجديد وجعل الشمس في مركز الكون.

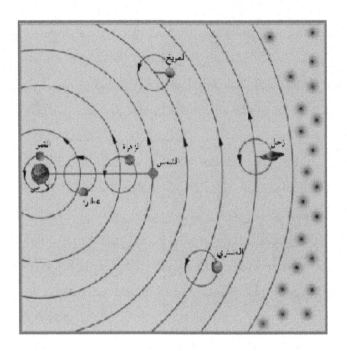

شكل رقم (1): نموذج بطلميوس المعدل لنموذج أرسطو

اقترح جوردانو برونو، الكاهن الإيطالي الذي أعدمته محاكم التفتيش عام 1600 حرقاً في روما، فكرة أن النجوم البعيدة هي شموس، وفكرة تعدد العوالم وفكرة لانهائية هذا الكون؛ فضلاً عن اعتناقه المذهب الكوبرنيقي الذي ذهب إلى أن الشمس هي مركز هذا العالم وليست الأرض. فهل كانت أفكاره التي أغضبت الكنيسة أفكاراً خلاقة لم يتحدث بها أحد من قبله، أم أنها إعادة تأسيس لأفكار سابقة عليه؟

خلال زيارة قمت بها إلى تايلاند عام 2009 بدعوة من

اليونسكو لاستمرار الحوار الفلسفي العربي الآسيوي، دُعيت إلى إحدى الجامعات حيث شاهدت مجموعة كبيرة من التماثيل، بالحجم الطبيعي للبشر، مرتبة ترتيباً طبقياً، من الأعلى قامة إلى الأقصر فالأقصر، الأقل شأناً، وهكذا. انتابني الفضول، فسألت مرافقي (عميد كلية الفنون في الجامعة)، فأجابني أنها تماثيل آلهة الهندوس، أعلاها إله الآلهة، ثم يليه في القامة والأهمية إله يقوم ببناء العالم وآخر يقوم بهدمه، فيما يقوم إله الآلهة بتحقيق التوازن بين الهدم والبناء.

والعالم عند الهندوس بمثابة بيضة كونية تتمدد من كتلة تتركز فيها المادة تدعى بندو (Bindu) ثم ما تلبث أن تنهار، فيقوم إله البناء بإعادة بناء العالم من جديد. والكون في اعتقادهم كل حي غير مخلوق لامتناه الزمن؛ وهذه هي الحقيقة النهائية وغاية الوجود التي تدُعى براهمن (Brahman) ؛ إنها الوجود بذاته.

سادت هذه الأفكار حول اللامتناه في بداية الألفية الثانية قبل الميلاد. وعليه، فإن مفهوم لاتناه الزمن قديم قدم الحضارات الكبرى التي سادت في الألفيات الأولى قبل الميلاد، على أقل تقدير. أما فكرة ولادة الكون من كتلة تتركز فيها المادة، فهي قريبة من الفكرة العلمية المعاصرة التي تتحدث عن ولادة الكون، بل الأكوان، من نقطة (Singularity) ، ثم يتمدد الكون ويعود إليها. ولكن هناك

خطورة غير مقبولة، علمياً أو فلسفياً، تتمثل بإسقاط العلم الحديث على الماضي، لأن الإشكاليات المفهومية مختلفة تماماً بين العصرين، فالعلم الحديث يتحدث اليوم عن طاقة فيما قبل ولادة المادة، فضلاً عن أن العلم متطور يرتقي ارتقاءً لولبياً في المعرفة ولا يجوز إسقاطه على أفكار تقليدية قديمة.

ربما تكون أفكار اللامتناه أقدم من ذلك، ولكننا سنكتفي بالانطلاق من فلاسفة أيونيا، كما تنطلق الفلسفة عادة، إذ يبدو أن الدراسات الأقدم في حضارات ما بين النهرين والهند والصين ومصر وسورية لم تحظَ بالدراسة الكافية بعد، أو ربما لم تتعولم كما تستحق، وسبب ذلك هو أن العودة للإغريق تُلهب مشاعر الأوروبيين وتُشعرهم بحنين العودة إلى جذورهم، بالرغم من أن فلاسفة أيونيا، والإغريق بعامة، ينتمون إلى حضارة البحر الأبيض المتوسط، وهي أقرب إلينا، بل هي سورية وعربية مثلنا، إذا جاز التعبير.

كذلك فإن علماء الإسكندرية مثل أرخميدس (القرن الثالث قبل الميلاد) وبطلميوس (القرن الثاني بعد الميلاد) والعالمة الرياضية هيبيشيا (Hypatia) (القرن الخامس بعد الميلاد) ويوحنا النحوي (القرن السادس بعد الميلاد)؛ كلهم علماء مصريون أقرب إلينا من الغرب، وقد قاموا لأول مرة في التاريخ بالتأسيس الحقيقي للعلم الحديث.

كانت هيبيشيا (Hypatia) رياضية يونانية إسكندرانية

شهيرة، تُعلّم الفلسفة والفلك أيضاً في مطلع القرن الخامس الميلادي، وقد قتلتها جموع من المسيحيين شر قتله إذ اتهموها بإثارة الفتنة الدينية؛ لأنها تمسكت بالوثنية ولم تدخل في المسيحية التي أصبحت دين روما الرسمي. فشهداء العلم قدماء قدم الحضارة البشرية.

ففيما اكتفى الإغريق بالاشتغال بالرياضيات والهندسة بطريقة تأملية (Speculative) ؛ جمعت الإسكندرية التراث الإغريقي بالإضافة إلى التراث المصري القديم؛ الذي اشتغل بالعلوم التجريبية والفلك وتكنولوجيا الري المتطورة والرياضيات العملية، فساهم ذلك كله في ولادة العلم الحديث.

إن السطوة العلمية والتكنولوجية التي تمتلكها دور البحث العلمي في الغرب كبيرة عظيمة التأثير، وكفاحنا طويل بشأن معارضة ردهم التراثين السوري والمصري لجذورهم الحضارية، وربما لن يحقق إنجازاً مهماً طالما أن حالنا قارة كما هي عليه اليوم.

كان للرياضيات والهندسة دور مركزي في إثارة الفكر الفلسفي كما سوف نرى في طرح المسائل الرياضية عند الفيثاغوريين وغيرهم؛ كذلك كانت إنجازات بعض الحضارات القديمة التي ناقشت نظام الأرقام الموضعية (Positional Number System) ، كما عند البابليين، حيث سمحت هذه الفكرة بأن يتم التعبير رياضياً عن الأعداد الكبيرة جداً،

ففتحت آفاق البحث عن أعداد لامتناهية. وما إن اكتشف الهنود "الصفر" حتى شرعوا في تقسيم كمية معلومة على الصفر، فتوصلوا إلى قيمة لامتناهية.

إذن، كانت هناك اكتشافات مهمة في الحضارات القديمة ساهمت في بناء قاعدة للبحث عن اللامتناه في الحضارات اللاحقة، بالرغم من أن المعالجة الرياضية والفلسفية التي وصلتنا اليوم حول إشكالية اللامتناه تنطلق من الإغريق تحديداً!

لذلك، فإننا انطلقنا في الفصل الأول من الحديث عن الحضارة الهيلينستية (الإغريقية والرومانية)، ثم انتقلنا في الفصل الثاني للحديث عن إنجازات العرب والمسلمين، تلاه فصل ثالث أهم غطى بعض إنجازات عصر النهضة الأوروبية، وأخيراً، ناقشنا في الفصل الرابع ما توصل إليه أعلام الثورة العلمية الكبرى.

الفصل الأول

الحضارة الهيلينستية

نقصد بالحضارة الهيلينستية الحضارتين الإغريقية والرومانية بدءاً من القرن السابع قبل الميلاد، حيث بدأ يظهر مفهوم اللامتناه في التراث الإغريقي مع أنكسمندر (610-546 Anaximander) ق. م) الذي ولد في ميليتوس، مدينة طاليس (Thales) (624-546 ق. م) الواقعة في آسيا الصغرى، حيث تركيا الأسيوية اليوم والواقعة بالقرب من شمالي سورية.

تحدث أنكسمندر عن "الأبيرون" (Apeiron) اللامحدود الذي تعود إليه الأشياء كلها (المزيج الأولي للكون)، حيث تتصارع الأضداد وتتضايف وتتوافق في الوقت نفسه. هذا الأبيرون لامحدود ولامتناه؛ ولكن، كيف يصبح هذا اللامتناه متناهياً؟ ومن الذي نظّم هذه الفوضى الأولى اللامحدودة؟

مقت فيثاغورس (569-500 Pythagoras) ق. م) فكرة "الأبيرون" اللامحدودة التي جاء بها أنكسمندر لأنها تفتقر إلى الانسجام والجمال المتوافر في الكون. فاقترح أن الأشياء كلها تعود إلى أرقام، وبناءً عليه فإن الكون يمكن رده إلى قواعد عددية محددة تنطلق من العدد واحد؛ فبات الكون

رياضي التكوين والتشكل، الأمر الذي أضفى عليه الجمال والكمال معاً. واتخذ الفيثاغوريون من العدد شعاراً لكل شيء، حتى أنهم رفعوا شعار الله بوصفه العدد الأول، وبذلك حاول الفيثاغوريون الإجابة عن التساؤلات التي جاءَت رداً على أفكار أنكسمندر.

ولكن الفيثاغوريين أنفسهم وجدوا تناقضاً في ذلك الاستدلال؛ عندما ناقشوا رياضياً مسألة أن وتر مربع ضلعه يساوي واحد يحمل قيمة ليست من مضاعفات الواحد وليست نسبة عددين صحيحين، ونريد بذلك الجذر التربيعي للعدد 2 (ويكتب هكذا: 2)، واعتبروا أن هذه القيمة لاعقلانية وغير قابلة للقياس بأعداد صحيحة؛ وبما أنها كذلك فكيف لها أن تكون قيمة لاعقلانية وفي الوقت نفسه تتحقق واقعياً في وتر المربع والأشكال الهندسية، كما يتضح من الشكل 2؟

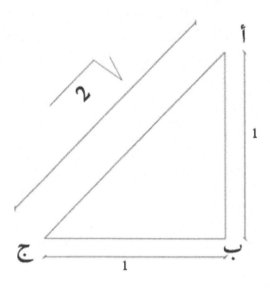

شكل رقم (2): وتر مثلث قائم الزاوية (نظرية فيثاغورس)

ويمكننا من الشكل الأخير حساب طول وتر مثلث قائم الزاوية وفقاً لنظرية فيثاغورس، كما يلي:-

أ جـ2 = أ ب2 + ب جـ2

أ جـ2 = 1 + 1 = 2

أ جـ = $\sqrt{2}$ (وهو عدد لاعقلاني عند الفيثاغوريين)

ولد فيثاغورس على جزيرة ساموس (Samos) الواقعة قبالة شواطئ الأناضول، وتجوّل في شبابه في العالم القديم المتحضر، كبابل ومصر، وتعرّف إلى تراثها في دراسة الأعداد، ثم هَمّ عائداً ليستقر في كروتونا (Crotona) الإيطالية ويؤسس فيها مدرسة فلسفية؛ لدراسة الأعداد وما يقابلها من أشكال هندسية، وإثبات النظريات منطقياً؛ انطلاقاً من المسلمات والبديهيات. ولكن اكتشاف الأرقام اللاعقلانية أدى إلى تعثر المشروع الفيثاغوري. وقد حافظ الفيثاغوريون على هذه الإشكاليات سراً فيما بينهم لغاية أن كشف أحد أعضاء المجموعة سرهم هذا فألقوه من فوق السفينة ليموت غرقاً في البحر الأبيض المتوسط؛ وهذا الشخص هو هيبّاسيوس (Hippasus) .

استبدل هيبّاسيوس "ألوهية العدد الصحيح" بمفهوم الاتصالية (Continuum) ، إذ أدى اكتشاف أسرار الأعداد اللاعقلانية إلى ولادة الهندسة عند الإغريق. فالهندسة تتعامل مع الخط المستقيم والمسطحات المستوية والزوايا، وجميعها تمثل تعبيراً عن الاتصالية إلى ما لانهاية. وهكذا غدت

الأعداد اللاعقلانية تعبر عن مكانها الطبيعي في عالم الاستمرارية الطبيعي من خلال الهندسة (1).

وإذا عدنا إلى السؤال الذي طرحه أنكسمندر عن العلة التي نظمت الفوضى الأولى اللامتناهية في الكون، فيجيب أنكساغوراس (Anaxagoras) (500 - 428 ق. م) الأيوني الذي هاجر إلى أثينا أن "العقل" (Mind) هو الذي نظّم الفوضى الأولى في الكون الممتد إلى ما لانهاية. أدين أنكساغوراس لذلك الاعتقاد إدانة نكراء وحُكم عليه بالنفي؛ عقوبة له على تفكيره الحر الذي تجاوز اعتقادات ذلك العصر.

لم تحتمل حضارة أيونيا الفكر الثوري الجديد ، بخاصة وهي في طور أفولها خلال صراعها الدامي مع الفرس. وعندما احتل الفرس أيونيا نزح أهلها إلى شواطئ إيطاليا الجنوبية الغربية وإلى اليونان؛ حيث بدأ يترعرع هناك عهد جديد من التفكير الميتافيزيقي الصرف مع بارمنيدس (Parmanides) في مطلع القرن الخامس قبل الميلاد (2).

زاد زينون الإيلي (Zeno of Elea) (490 - 430 ق. م)

---

(1) Amir. D. Aczel, The Mystery of the Aleph, 1st edition, New York: Pocket books, 2000, P. 19

(2) . جورج سارتون، تاريخ العلم، ط3، القاهرة - نيويورك: دار المعارف ومؤسسة فرانكلين، 1978، الجزء الثاني، ص 45.

الطين بلة بالمشكلة التي طرحها من خلال السهم المنطلق من نقطة ما إلى هدف محدد. فإن السهم عليه أن يقطع نصف المسافة أولاً، ثم يشرع بعدها متابعاً انطلاقته لقطع نصف المسافة الباقية (أي ربع المسافة الكلية) وهكذا دواليك. وفي النهاية، ومهما طال به الزمن، فإن السهم سوف يظل يقطع نصف المسافة المتبقية إلى ما لا نهاية، وبناء عليه، فإنه لن يصل إلى هدفه أبداً؟!

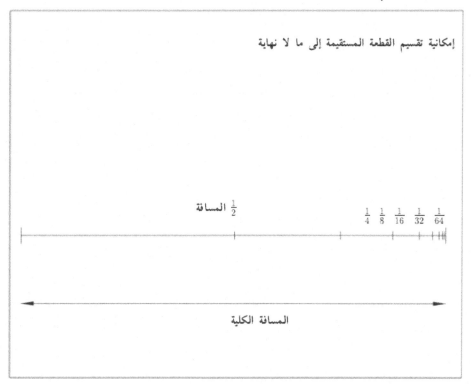

شكل رقم (3): إشكالية زينون الإيلي

ويلاحظ في الشكل 3 مسافة محدودة هي المسافة الكلية، فإذا قطعنا نصف المسافة، انطلاقاً من نقطة بداية تقع

25

على أقصى يسار القطعة المستقيمة، فإن وصولنا إلى النهاية الواقعة عند أقصى اليمين تستدعي أن نقطع نصف المسافة المتبقة، ومن ثم نصف المتبقي منها، وهكذا دواليك إلى ما لانهاية!

ويمكن التعبير عنها رياضياً كالآتي:

$$\sum_{n=1}^{\infty} \frac{1}{2n} = \frac{1}{2} + \frac{1}{4} + \frac{1}{8} + \ldots + \frac{1}{2n} + \ldots$$

وهي المشكلة نفسها التي يطرحها السباق بين الأرنب والسلحفاة؛ فإذا انطلقت السلحفاة أولاً، فلن يتمكن الأرنب أبداً من اللحاق بها وفقاً لزينون، لأنه إذا همّ الأرنب بقطع المسافة المبدئية التي تفصل بينهما تكون السلحفاة قد سارت قليلاً، وبالتالي، فإنه فيما يحاول أن يقطع تلك المسافة تكون السلحفاة قد سارت قدماً قليلاً، وهكذا دواليك.

والسهم الذي أطلقه زينون بفكرة من ذهنه لن يصل إلى هدفه أبداً؛ طالما أن المسافة قابلة للقسمة إلى ما لانهاية. وفيما يمكن اعتبار زينون من مدرسة بارمنيدس داعي الوحدة، فإن هذه الإشكالية جاءَت رداً على التيار الذري الذي اعتقد بوجود أعداد لامتناهية من الذرات الدقيقة التي لا تقبل القسمة إلى ما هو أصغر. جاء هذا التناقض في سياق هيمنة فكرة الانقسام اللامتناه على زينون في مواجهة التيار الذري.

وهكذا أصبح الصراع الفكري الفلسفي بين أصحاب

الكثرة وأصحاب الوحدة يتمظهر في أحد أشكاله حول إشكالية المتناه واللامتناه. وبناءً عليه، فقد تعمقت في الفكر الإغريقي مشكلة المحدود واللامحدود، النهائي واللانهائي! وصلت أعمال الفيثاغوريين إلى أكاديمية أفلاطون (Plato) في أثينا التي ضمت أعظم رياضيي العالم القديم في القرن الرابع قبل الميلاد. أدرك أفلاطون وتلاميذه قوة الأعداد بارتباطها بالهندسة، أو بالاتصالية (Continuum) ، ولذلك رفع على بوابة الأكاديمية شعاراً يمنع الجاهلين بالهندسة (Geometry) من دخول أكاديميته. إذ اتخذت الأكاديمية منحىً مختلفاً عن الفيثاغوريين في دراسة الرياضيات، حيث غدت مرتبطة بالحساب والهندسة معاً، أي أنها ربطت الأرقام اللاعقلانية (مثلاً: 2) بالأشكال الهندسية والمسطحات والشعاع الذي ينطلق من نقطة معلومة إلى ما لانهاية. فكانت أعمال أفلاطون وتلاميذه انطلاقة مهمة صوب التعامل مع اللامتناه.

ونتساءَل هنا عن مساهمة أفلاطون عبر الاشتغال بالهندسة لفهم فكرة اللامتناه في بناء عالم المثل الأفلاطوني الشهير: عالم الكمال؛ أليست الأشكال الهندسية، كالدائرة أو المربع أو حتى القطعة المستقيمة، مثالاً ذهنياً أصيلاً يجعل ما يقابلها في الواقع مجرد محاولات ممسوخة للأصل "المثال"؟ وهكذا أسقط أفلاطون عالم الهندسة على العالم الطبيعي، وجعل لكل شيء في الطبيعة مثالاً كاملاً.

كانت النقلة المهمة التالية في التعامل مع اللامتناه مع يودكسوس (Eudoxus) (408 - 355 ق. م) الإغريقي الذي قام بحساب مساحة الأشكال الواقعة ضمن منحنيات بتقسيم المساحة أو الحجم إلى أجزاء مستطيلة عديدة، ثم قام بجمع مساحاتها أو أحجامها لإيجاد القيمة الكلية لمساحة الشكل أو حجمه. وقد قام إقليدس بالإشارة إلى أهمية هذا العمل في الكتاب الخامس من عمله الشهير "الأصول" (3). وهي محاولة أصيلة للتعامل مع المنحنيات التي لم تحل مشكلتها إلا باكتشاف التفاضل والتكامل في القرن السابع عشر (ليبنتز ونيوتن).

في سياق حل هذه المشكلة فلسفياً، رفض أرسطو (Aristotle) (384 - 322 ق.م) فكرة أن اللامتناه هو شيء واقعي، وافترض أن وجوده هو وجود بالقوة. وضرب مثلاً على ذلك عندما نعد الأرقام، فإننا نستمر صعوداً في العد ونزيد على الرقم باستمرار، أو يمكننا مضاعفة الرقم أو تربيعه، وهكذا دواليك، ولكننا لن نصل أبداً إلى اللانهاية، مهما حاولنا جاهدين!

---

(3) Stanford Encyclopedia of philosophy, www.Plato.stanford.edu/entries/Lucretius; entered 12 Oct, 2009. Lucretius second book (1174-2.1023).

وشارك أرسطو أفلاطون القول إن الجسم المحدود هو وجود بالفعل أما الجسم اللامحدود فهو وجود بالقوة لا يتحقق واقعياً. بمعنى آخر فإن أرسطو قد زاد المسألة تعقيداً وأوصلها إلى طريق مسدود.

سيطرت منظومة أرسطو وتطويراتها على العقل البشري حتى القرن السادس عشر، كما ألقت بظلالها على معرفة الكون الذي اعتبره أرسطو محدوداً كي يكون وجوده متحققاً واقعياً.

ولأهمية منظومة أرسطو الكونية في بحثنا عن اللامتناه واللامحدود فإننا نوجزها فيما يلي:

ارتكز أرسطو في البداية على الملاحظة والتجربة لإثبات كروية الأرض، إذ اتضح له أن السير باتجاه الشمال أو الجنوب فوق سطح الأرض يؤدي إلى رؤية نجوم جديدة واختفاء أخرى، فتوصل إلى فكرة كروية الأرض التي تحدث البابليون عنها في الألفية الثانية قبل الميلاد، واستدل من ذلك أن السفر غرباً سيوصله إلى الهند على نحو ما ظن رحالة القرون اللاحقة لغاية القرن الخامس عشر. وقام بقياس محيط الأرض على نحو معقول، كما فعل البيروني فيما بعد. فالأرض إذاً محدودة، ومن هذه النتيجة انطلق لتحديد الكون برمته وجعله متناهياً.

تنسجم تلك الاستدلالات مع تصور أرسطو بأن شكل

الأرض دائري، لأنه الشكل الأمثل في بعدين، فقد كان يشاهد ظل الأرض الكروي على القمر في حالة الخسوف (خسوف القمر)، كما أن الكرة هي الشكل الأمثل في ثلاثة أبعاد، فيستحيل أن يكون الله قد خلق الكون ناقصاً. كذلك هي حركة السماوات أو الأفلاك، إنها حركة دائرية كاملة مثالية تعبر عن مبدعها أيما تعبير.

أما الأثير الذي يفصل بين الأفلاك فمتراص، ولا وجود لخلاء فيه، وفلك النجوم (الذي يتألف من نحو 55 فلكاً) يستمد حركته من الله بنوع من العشق (حركة غائية)، فالحركة الأولى ناجمة عن المحرك الأول الذي لا يتحرك (الله)، وهو عقل محض، لأنه لو لم يكن كذلك لاستلزم وجود علّة لحركته.

ثم تنتقل الحركة إلى الأفلاك واحدة تلو أخرى، لأن الطبقات التي تفصل بين الأفلاك متراصة، لا فراغ يفصل بينها، إذ يحرك الأعلى منها ما يوجد أسفله، وهكذا دواليك حتى نصل إلى فلك القمر. وسوف تشق مقاومة إشكالية رفض أرسطو لوجود الفراغ طريقها بصعوبة فيما بعد، كما سوف تفتح الطريق أمام التفكر في الحركة المستمرة إلى ما لانهاية.

فصل أرسطو بين عالم ما تحت فلك القمر، بوصفه عالم الكون والفساد، وعالم ما فوق فلك القمر بوصفه عالم الأثير الخالد؛ الذي تحكمه أرواح حية وعقول تقوم بتحريك

الأفلاك على نحو ما تُحرّك الروح جسم الإنسان. وكأننا أمام الفكر الفيثاغوري الذي تحدث عن العالم بوصفه حياً وأنه مخلوق يتنفس ويسمع.

ولم يخرج أرسطو في ذلك عن تلازم الإلهي والخالد عند الإغريق. بل يمكن الذهاب أبعد من ذلك بالعودة إلى التصور التجريدي لأنكسمندر في القرن السادس قبل الميلاد؛ عندما شَبّه الأرض بإسطوانة عائمة في وسط الكون (4).

ينتهي أرسطو إلى أن العالم قديم منذ الأزل وسيظل قائماً إلى الأبد، وهو بذلك يعترف بفكرة لاتناه الزمن؛ فكيف لنا أن نقبل حجته في عدم تحقق اللامتناه واقعياً؟ فكيف لنا أن نقبل من أرسطو القول إن الكون محدود ومتناه؛ طالما أن مركزه الأرض ومحيطه فلك النجوم أو الفلك المحيط، وفي الوقت نفسه يريدنا أن نقبل فكرة أن العالم قديم منذ الأزل وسيظل قائماً إلى الأبد؟ ألا تقبع اللانهاية في "الأزل" و"الأبد" معاً (اللانهاية الصغرى واللانهاية العظمى)؟

ومن الغريب أن هذا النقد لم يوجه لأرسطو إلا في القرن السادس بعد الميلاد مع يوحنا النحوي الإسكندراني!

---

(4) J. Burnet, Greek Philosophy, P. 24

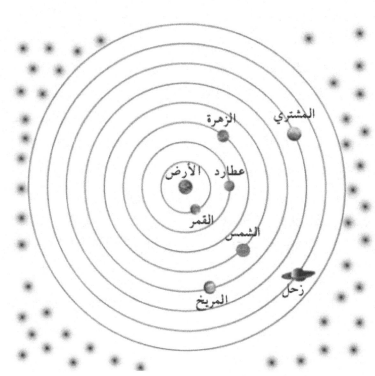

شكل رقم (4): كون أرسطو المحدود المتناه

وترتيب الكواكب عند أرسطو مطابقة لما يعرفه العالم اليوم، باستثناء موقع الشمس والأرض، كما يظهر في شكل رقم (4)، أما الكواكب الأخرى (أورانوس ونبتون وبلوتو) فقد تم اكتشافها فيما بعد؛ ولذلك فإن الكواكب السبعة التي كانت معروفة آنذاك هي: (القمر، عطارد، الزهرة، الشمس، المريخ، المشتري وزحل) شكلت السماوات السبع التي سيطرت على الفكر القروسطي بوصفها سماوات أثيرية خالدة وسامية (5).

_____

(5) أيّوب أبو ديّة، العلم والفلسفة الأوروبية الحديثة، ط1، بيروت: دار الفارابي، 2008، ص 42-46.

فالشمس في كون أرسطو لا تعدو كونها أحد الكواكب التي تدور حول الأرض، خلافاً لنظرية أريستارخوس التي قامت على فكرة مركزية الشمس بعد أرسطو، ولكن نظرية أرسطو هي التي اعتمدتها الكنيسة، فعاد ليربك العالم بنظريته في مركزية الأرض لألفي عام من الزمان بدعم من الفكر القروسطي؛ الذي رأى في نظرية أرسطو تأكيداً للفكر اللاهوتي والمسيحي الذي تمحور حول أهمية الأرض ومركزيتها؛ حيث تعيش أسمى المخلوقات - الإنسان. وقامت الفلسفات المسيحية بتطوير فلسفة أرسطو لتنسجم مع الفكر الديني وتتوافق معه، على يد فلاسفة من أمثال توما الأكويني.

ربما كانت المعتقدات الدينية، اليهودية والمسيحية ثم الإسلام، بارتباطها ببعضها البعض على نحو وثيق، أحد الأسباب التي جعلت منظومة أرسطو تسود في ذلك العصر لانسجامها مع رؤية الكتب السماوية للكون، وبخاصة التوراة التي ظهرت قبل أرسطو بمئات السنين وكانت معروفة في زمن الإسكندر المقدوني، تلميذ أرسطو، الذي وحّد المنطقة ثقافياً إلى حد كبير، من اليونان غرباً إلى الهند شرقاً، ومن أواسط أوروبا شمالاً إلى أقصى جنوب مصر.

هذا هو تصور الكون (النموذج البطلمي - الأرسطي المعدل - شكل 1) الذي ساد في فكر عامّة رجالات القرون الوسطى آنذاك، من العرب والأوروبيين وغيرهم في أصقاع المعمورة. ولكن هذا لا يعني أن الفكر البشري لم يكتشف

نظريات أخرى في الكون كانت أقرب إلى الواقع من منظومة أرسطو الكونية!
إن فكرة مركزية الشمسية التي طرحها كوبرنيق (ت 1543) في القرن السادس عشر كان لها جذوراً راسخة في التاريخ، إذ ربما كان أول من طرحها هو أريستارخوس في القرن الثالث قبل الميلاد. كما طرح فكرة أن النجوم بعيدة جداً، وهي فكرة تفتح آفاقاً عظيمة لتصور مفهوم لاتناه الكون. فمن هو هذا الفلكي الفذ الذي سبق كوبرنيق بنحو 1800 عام؟
عاش أريستارخوس السامسي (Aristarchus of Samos) (310-230 ق. م) في بلاد اليونان، واشتهر بوصفه فلكياً ورياضياً. ولد في جزيرة ساموس (Samos) المنفتحة على البحر في النهار وعلى النجوم والكواكب المضيئة في السماء الصافية خلال الليل، وهي جغرافية تشكل شرطاً ضرورياً لظهور علم الفلك وتطوره.
كان أريستارخوس متأثراً بالتراث الإغريقي، فتأثر بنظرية فيلولس الكروتوني (Philolaus of Croton) (470-385 ق. م)، الفيثاغوري الانتماء، ولكنه اختلف معه في بعض تصوراته للكون، فجعل الشمس ملتهبة في مركز الكون وصحح ترتيب مسارات بعض الكواكب من حولها كما يتضح من الشكل رقم (5).

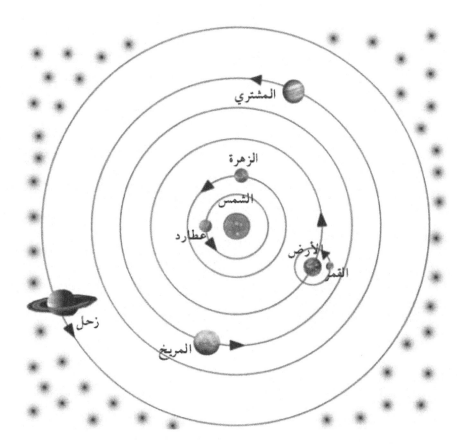

شكل رقم (5): أنموذج أريستارخوس الشمسي للكون

لم تصلنا من أعمال أريستارخوس سوى أطروحته "حول حجم الشمس والقمر وأبعادهما". ولكن أرخميدس يشير في أحد أعماله ( ) أن أريستارخوس اعتقد أن النجوم بعيدة جداً، معتمداً على مبدأ تجريبي هو عدم وجود إزاحة بصرية (Parallax) عند مراقبتها. كما جعل القمر يدور حول كوكب الأرض، كما هي الحال عليه.

Sir Thomas Heath, Aristarchus of Samos, the ancient (6)
Copernicus; London: Oxford University press, 1913
(www.archive.org/details/aristarchusofsamooheatuoft).

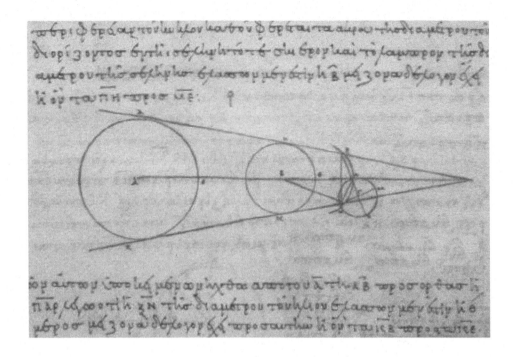

شكل رقم (6): أنموذج من رسم العالِم الإغريقي أريستارخوس (Aristarchus of Somos) يبين الشمس والأرض والقمر على التوالي

نشاهد في الصورة أعلاه الرسم الذي استخدمه أريستارخوس في محاولة قياس حجم كل من الأرض والشمس ومقدار تباعدهما. ويتضح من الرسم أن الشمس أكبر من الأرض والقمر معاً وأن القمر يدور حول الأرض وليس في فلك مرتبط بمركز الكون. كذلك فإن كروية الأرض بادية للعيان تماماً. ويمكن الاستدلال من الشكل أيضاً أن المثلثات المتناظرة التي يصنعها كل من قطر الشمس وقطر الأرض وقطر القمر تجعل من قياس أطوالها وأبعادها عن بعضها البعض ممكناً أيضاً.

ومن المؤسف أن الكثيرين في عالمنا العربي اليوم ما

زالوا يظنون أن كروية الأرض لم تكن معروفة آنذاك، أي قبل أكثر من 2300 سنة على أقل تقدير! فالحقيقة هي أنها كانت معروفة عند الحضارات السابقة على الإغريق أيضاً، كالحضارة البابلية.

جاء أرخميدس (212 - 287) (Archimedes ق. م)، المهندس والرياضي والفيزيائي وعالم الفلك الصقلي؛ الذي عاش في القرن الثالث قبل الميلاد وتلقى تعليمه في الإسكندرية، ليتحدث عن مجموعات من الأشياء لامتناهية في العدد ومتساوية في القيمة. وهذا فتح جديد يتجاوز أرسطو الذي اعتبر وجود اللامتناه وجوداً بالقوة غير متحقق واقعياً؛ إذ سمح أرخميدس بهذه الفكرة أن يكون اللامتناه واقعياً متحققاً وليس مجرد وجود بالقوة كما اقترح أرسطو.

افترض أرخميدس (212 - 287) (Archimedes ق. م) أن المجموعات التي يُضاف إليها كميات لامتناهية هي مجموعات متساوية، وهكذا ناقش المسألة من زاوية إمكانية وجود أرقام لانهائية وواقعية ومتساوية معاً لأول مرة في تاريخ الإغريق، حيث غدت المجموعات اللامتناهية متساوية في المقدار (7). فكيف توصل إلى ذلك؟

---

(7) O' Connor, J.J. & Robertson, E.F. (Feb. 1966), "A History of calculus", University of St. Andrews, p.125.

اشتغل أرخميدس بالرياضيات على نحو إبداعي، حيث استخدم طريقة الاستنفاد (Exhaustion) لحساب المساحة الواقعة تحت منحنى قطع مكافئ (Parabola) باستخدام متتالية عددية لامتناهية (Infinite Series) ، فجعل للمساحات الواقعة تحت المنحنى أشكالاً هندسية صغيرة لامتناهية في العدد وذات مساحات معروفة، ثم شرع في حساب المساحة الإجمالية لغاية استنفاد الأشكال الهندسية كافة الواقعة تحت المنحنى والمحدودة بنهايات مرسومة مسبقاً (Limits) ، فربما تكون هذه الطريقة هي التي أوحت لأرخميدس بالقول إن المجموعات اللامتناهية في العدد متساوية في القيمة، بالمعنى الديمقريطسي للذرات اللامتناهية في العدد والتي سوف يعيد إحياءَها أبيقور فيما بعد. فمن أين جاءَت هذه الأفكار؟

يُعزى اليوم لإقليدس (Euclid) (ت 275 ق. م) إثبات لاتناه الأعداد الصحيحة بالاستدلال الرياضي، كما وضّح كاجوري (Cajori) (8)، وإذا كان ذلك صحيحاً فإنه يكون بذلك قد شكل إلهاماً لمن تلاه، كأعمال أرخميدس الصقلي، وبخاصة للأعمال الممتدة من القرن الثالث عشر (دانز سكوتس، مثلاً) لغاية القرن السابع عشر (غاليليو مثلاً). فقد كان إقليدس في فرضيته الثالثة قد أشار إلى إمكانية وجود

---

(8)   C., Burnett, K., Yamamoto & M. Yano, ABUMASAR, 1st edition, The Netherlands: E.J. Brill, 1994, P 60.

دوائر لامتناهية القطر مفتوحة على المكان اللامتناه، وعندذاك يكون محيطها المتسع إلى ما لانهاية كالخط المستقيم (9).

كي نجمل الحديث عن الفكر اليوناني والروماني قبل الميلاد فيما يتعلق بمسألة اللامتناه، فإننا سنقوم تحديداً بدراسة أفكار العالم الروماني لوكريتوس (Lucretius) (ت 50 ق. م)، لأنه ناقش العديد من المذاهب الفلسفية والمنظومات الكونية المتنوعة التي سبقته، من هيرقليطس (ت 475 ق.م)، إلى سقراط (ت 399 ق. م)، فديمقريطس (ت 371 ق.م)، انتهاء بأبيقور (ت 270 ق. م)؛ وجميعهم عاشوا قبل بزوغ شمس أرخميدس.

عاش لوكريتوس في القرن الأول قبل الميلاد، واشتهر بشعره الذي خلّده من خلال كتابه "حول طبيعة الأشياء" (Of the nature of things) الذي يعتبر شعراً فلسفي الطابع. كذلك فسّر لوكريتوس الفيزياء الأبيقورية وحفظ المذهب الذري الذي قال به ديمقريطس. فماذا أضاف لوكريتوس إلى فهمنا لمسألة اللامتناه؟

تقول إحدى قصائد لوكريتوس:

"سعيد هو ذلك الإنسان الذي يعرف علّة الأشياء،

(9) John Casey, The First Six Books of the Elemeuts of Euclid,

Dublin: Ponsonby & Weldrick, 1885; Released as E book

#21076, 14 April, 2007, P. 202

وسعيد هو ذلك الإنسان الذي يطأ بقدميه الخوف والقدر العنيد وزئير جهنم المفترس" (10).

استطاع هذا الفيلسوف أن يمحق الخوف وأن يتحدى القدر، فضلاً عن أنه استطاع أن يتغلب على خوف الإنسان من جهنم. هذا هو الأثر الذي تركه لوكريتوس في نفوس من عاصروه، فقد تحدى الإنسان عتبة المجهول، عتبة الجحيم "الأزلي"!

كما تحدى لوكريتوس الكون الأرسطي المحدود واعتبره مفتوحاً على اللانهاية، كما سوف يتبين معنا بعد قليل. ففي قصيدته الشهيرة (De Rerum Natura) رفض لوكريتوس فكرة أن الكون محدود في الفضاء. كذلك يعزى له إعادة إحياء التراث الأبيقوري، وبخاصة فيما يتعلق بمفهوم اللامتناه؛ فمن هو أبيقور؟

أسس أبيقور (270 - 341) (Epicurus ق. م) الأثيني مذهبه في العقود الأولى من القرن الثالث قبل الميلاد، حيث انتشر مذهبه حول خليج نابولي جنوب إيطاليا. كما اشتغل أصحاب المذهب بالمنهج العلمي والرياضيات التي بدأها أبيقور بكتابه عن الطبيعة (On nature) ، واقترح فكرة وجود الذرات الديمقريطسية بأعداد لا متناهية في الفضاء الكوني.

---

(10) قصيدة كتبها أحد معاصري لوكريتوس، اسمه فرجيل Virgil في مؤلفه 490 2 -2) Georgies) اعترف فيها بفضل لوكريتوس عليه.

وهذا، فيما نعتقد، هو إحياء لفكرة ذرات ديمقريطس (Democritus) (460 - 361 ق. م) الأرضية المتناهية في الصغر والتي لا تقبل الانقسام إلى ما لانهاية، والتي تشكل في تجمعاتها المتنوعة الأجسام كلها، بما في ذلك الروح التي افترض أنها تتكون من ذرات خفيفة تتحلل بفناء الجسد.

واضح تأثر لوكريتوس بأبيقور، إذ نجده يعرض في كتابه الأول القواعد الأساسية للمذهب الذري الأبيقوري، ومن ضمنها المقولة التالية:

لا يكون شيء من لا شيء ولا يذهب شيء إلى الفناء (11).

بالرغم من أن هذه المقولة تذكرنا بقانون حفظ الطاقة، ولكنها إشكالية معاصرة لا يجوز إسقاطها على ذلك العصر، فكل ما أراد الذريون الإغريق الحديث عنه هو تشكل المادة من ذرات متناهية في الصغر؛ ولكنها غير قابلة للانقسام أكثر (أي لا تقبل القسمة أكثر إلى أحجام لامتناهية في الصغر)، وأنه عندما تفنى الأجساد تتحلل لتشكل من جديد مجموعات متناثرة من الذرات. وما يعنينا هنا هو شيوع الفكر المادي الذي سمح بالنظر إلى السماء بعقل منفتح على اللامتناه الممكن تحققه واقعياً.

---

(11) كتاب لوكريتوس الأول Stanford Encyclopedia; revised 19/8/2008; (1.149-48).

في كتابه الأول، يهاجم لوكريتوس مذاهب الفلاسفة ما قبل سقراط: الواحدية، التعددية المحدودة والتعددية اللامحدودة التي ستوصله إلى فكرة اللامتناه.

في واحدية هيرقليطس (475 - 540) (Heraclitus ق. م) رد كل شيء إلى النار، فمن النار إلى النار يعود كل شيء، وإذا زادت النارية في روح الإنسان، على سبيل المثال، زادت حكمته.

ولد هرقليطس لأسرة عريقة في إفسوس المدينة اليونانية بآسيا الصغرى، وأسس فلسفة التغير المستمر الذي لا يتوقف، وهو صاحب القول المشهور: "لا يستحم امرؤ في ماء النهر نفسه مرتين". والتغير عنده هو صراع متوازن بين أضداد، الحياة والموت، الحرارة والبرودة، الخير والشر، ... إلخ. وهي فكرة تعود إلى الفلسفات الهندية القديمة.

وفكرة التغير المستمر شكلت إلهاماً لعلماء القرن السابع عشر أيضاً، إذ استخدم إسحق نيوتن، على سبيل المثال، هذه الفكرة في التفاضل والتكامل، فبات تسارع الأجسام هو معدل التغير في السرعة، وغدت السرعة هي معدل التغير في المسافة المقطوعة.

أما التعددية المحدودة التي هاجمها لوكريتوس فهي العناصر الأربعة (التراب، الماء، الهواء، النار) عند إمبدوقليس (430 - 490) (Empedocles ق. م)، الذي ولد

في مدينة من أعمال جزيرة صقلية، وحُكم عليه بالنفي لدفاعه عن المستضعفين ومطالبته بالديمقراطية.

هاجم لوكريتوس كذلك أفكار أنكساغوراس (Anaxagoras) (500 - 428 ق. م) الأيوني الذي هاجر إلى أثينا واتهم هناك بالإلحاد؛ لأنه قال إن الشمس والكواكب مجرد أجرام مادية ملتهبة هي من طبيعة الأرض نفسها، مستشهداً بالشهب التي تسقط على الأرض بين فينة وأخرى. ونتيجة لهذه الأفكار القائمة على الملاحظة والتجربة والتي اعتبرت أفكاراً ملحدة آنذاك انتفى أنكساغوراس ومات في منفاه.

طـوّر أنكساغوراس فكرة أنكسمندر (ت 546 ق. م) عن "الأبيرون" اللامحدود الذي تعود إليه الأشياء كلها، ورد العالم إلى مزيج أولي قديم من أشياء متناهية في الصغر ولامتناهية في العدد تتجمع بمقادير متفاوتة لتخلق الأشياء. وهي جذور نظرية ديمقريطس الذي توفي عام 361 ق. م.

ينتهي لوكريتوس في نهاية كتابه الأول من المتناه الدقيق الذي لا يمكن رؤيته بالعين المجردة إلى اللامتناهي الذي يصعب تخيله، فالعالم لامتناهٍ يتألف من مكان متسع إلى ما لانهاية ويحتوي على أعداد لا متناهية من الذرات (12).

---

(12) كتاب لوكريتوس الأول-السادس Stanford Encyclopedia; revised 19/8/2008; (6.387-422

وفي نهاية كتابه الثاني (13) يعود ليقرر بوجود عوالم أخرى إلى جانب عالمنا (14)، وبذلك ناقض الفكرة الدينية السائدة بأن العالم من خلق إلهي خالد وفريد. وهذا يجعلنا نتفكر في الجديد الذي أتى به جوردانو برونو في نهاية القرن السادس عشر عندما تحدث عن عوالم أخرى غير عالمنا؟

ويذهب لوكريتوس إلى أبعد من ذلك بطرح نظرية داروني في كتابه الخامس (15) تفسر انطلاقة الحياة على الأرض وتطورها في مجموعات بشرية. إذ اعتبر أن الأرض الخصبة قد هيأت بصورة طبيعية ظهور أصناف الحياة المختلفة التي بدورها تنازعت على البقاء، فسيطر الأقوى والأكثر مكراً وخداعاً، فحافظ على بقاء جنسه وتكاثره، الأمر الذي أدى إلى هيمنته على وجه البسيطة.

وهاجم لوكريتوس، مثلاً، أسطورة برميثيوس (Prometheus) الذي سرق النار من الآلهة ووهبها للبشر، إذ

(13)كتاب لوكريتوس الثاني Stanford Encyclopedia; revised 19/8/2008; (2.1023-1174)

(14) Bernard R. Goldstein, Al- Bitruji: on the principles of Astronomy, 1st edition, U.S.A: Yale University, 1971, Volume 1, p. 23

(15) كتاب لوكريتوس الخامس Stanford Encyclopedia; revised 19/8/2008; .((5.771-1427

قال إن الإنسان القديم تعرّف إلى النار من الحرائق التي كانت تعصف بالغابات بفعل الصواعق والبراكين. وهزأ لوكريتوس من الآلهة، كإله الصواعق، بقوله إن هذه لا يمكن أن تكون آلهة لأنها تستنزف طاقتها وذخيرتها من النار في قصف أماكن غير مأهولة، كالصحارى والجبال الجرداء غير المأهولة ( ).

وبذلك يكون لوكريتوس قد استبعد الفكرة الغائية في الحياة ودمر الاعتقادات الموروثة، إلى حين. كذلك يكون قد أبدع فكرتي لاتناه العالم ووجود عوالم أخرى. لقد تم كل ذلك قبل الميلاد في عالم وثني الديانة سوري - مصري - إغريقي الثقافة. وسوف تتراجع هذه الأفكار بعد الميلاد، مع بعض الاستثناءَات، حتى القرن السادس عشر.

لغاية التمهيد للحديث عن بعض المفاهيم والتعريفات الهندسية الآتية، فيمكننا ملاحظة الفرق بين الشعاع والقطعة المستقيمة والخط المستقيم في الشكل الآتي رقم (7). ويُشير السهم في نهاية الخطوط إلى استمرار الخط إلى ما لانهاية.

---

(16)   كتاب لوكريتوس: الأول-السادس Stanford Encyclopedia; revised
19/8/2008; .(6.387 422)

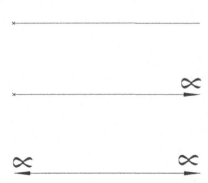

لاحظ بعض الدارسين أن تعريف إقليدس (275 - 330) (Euclid ق. م)، واضع مبادئ الهندسة المستوية التي اشتقها من بديهيات في كتابه "الأصول"، للخطوط المتوازية التي لا تلتقي ولا يتضمن بالضرورة أنه يعني امتدادها إلى ما لا نهاية، ولا يعني ذلك أن هناك نقطة اسمها لانهاية عند طرفي كل خط، بل على الأرجح أن المقصود أنه بإمكاننا إضافة أطوال جديدة إليها (17). وهذا يستدعي أن نكون حذرين عند

---

(17) S. T., Sanders, "Euclid and Infinity". Mathematical Association of America, JSTOR: Mathematics News Letter, Vol. 4, 7 (May, 1930), pp. 15-22.

تأويل ما توصل إليه الأقدمون بحكم اختلاف الإشكالية المفهومية ومضامين التعبيرات اللغوية. ولعلنا نكون أقرب إلى التأويل الصحيح عندما تكون النصوص أحدث، بدءاً من العرب بحكم استمرارية اللغة العربية بالقرآن الكريم مقارنة باللغات الأوروبية التي انتهت بعد تطورها إلى تغييرات كبيرة جداً.

تكمن أهمية إقليدس في أنه كان أول من أثبت رياضياً إمكانية لاتناه الأعداد الصحيحة، وفتح آفاق الهندسة المستوية على الفضاء اللامتناه؛ ولكن ذلك لا يعني أيضاً أنه تصور أن هناك عدداً يمكن أن نطلق عليه "القدر اللامتناه والأخير".

ويمكننا أن نذهب أبعد من ذلك بالقول إننا اليوم لم نتمكن بعد من تحديد دقيق لمفهوم اللامتناه، الأمر الذي بات ينعكس على عامّة الناس. فقد كشفت دراسة أجريت على طلاب مدارس في إيطاليا، تتراوح أعمارهم بين 16 - 19 عاماً، أن طريقة تدريس التفاضل والتكامل في مناهج الرياضيات لا تقدم معرفة واضحة عن مفهوم اللامتناه (18). وبإمكاننا إسقاط هذه النتيجة على طلابنا في العالم العربي كذلك.

(18) (B, D'Amore, & A. Gagatsis, (Eds.), Didactics of Mathematics- Technology in Education (1997). in Erasmus ICP-96-G-2011/11, Thessaloniki, pp 209-218.

يبدو أن قرابة 800 عام قد انقضت منذ القرن السادس قبل الميلاد ومناقشة مسألة اللامتناه واللامحدود مع أنكسمندر، ولم تترك أثراً يُذكر على نظام بطلميوس الكوني "المحدود" الذي سينشغل به العالم لقرون طويلة وعديدة لاحقة!

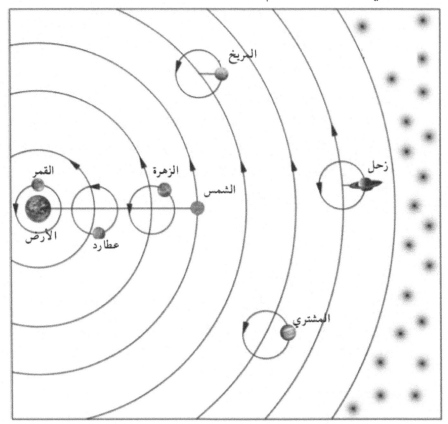

شكل رقم (8): (نظام بطلميوس)

أقام الفلكي المصري المعروف بطلميوس (Ptolemy) ، الذي عاش في القرن الثاني بعد الميلاد في الإسكندرية،

أنموذجاً مطوراً رياضياً وهندسياً جمع فيه التطورات التي جاءَت على كون أرسطو، وأضاف إليها تعديلات وضعها في كتابه الذي أسماه العرب فيما بعد "المجسطي"، فكانت محاولات ضرورية ناجمة عن عجز أنموذج أرسطو عن تفسير حركات بعض النجوم الارتدادية والتغير في شدة إنارتها وأحجامها. وظل أنموذج بطلميوس مرجعاً لعلم الفلك لغاية القرن السابع عشر، بالرغم من انشغال العرب بنقد أنموذجه وفقاً لنظيره الأرسطي مع بعض التعديلات والإضافات، ولم يوفر أنموذجه إضافة جديدة بشأن لاتناه الكون، لأن الكون الذي تصوره ظل محدوداً بفلك النجوم كما يظهر في الشكل الأخير.

تلقف أفلوطين (270 - 205) (Plotinus بعد الميلاد) من أرسطو فكرة وجود اللامتناه بالقوة في الطبيعة وعدم إمكان وجوده في الواقع، ولكنه لم ينكر احتمال وجود اللامتناه في مملكة المتعالي (Transcendent) من خلال النظر المتصوف. فاللامتناه يمكن أن يوجد في مملكة الله؛ فشكلت هذه التأملات مادة مناسبة للفكر الديني القروسطي الذي سينشغل بها لفترة طويلة أخرى من الزمن.

كما ظهرت محاولات مماثلة لعلم الهيئة العربي من حيث اعتبار المكان لامتناهياً، وذلك كي يتم تجاوز كون أرسطو المحدود. ولكن العلماء العرب جعلوا المكان الممتد خارج

فلك النجوم موطناً للنفوس الروحية بما ينسجم مع المعتقدات الدينية.
فالمشكلة لم تحل تماماً، لا مع بطلميوس ولا مع علم الهيئة العربي الإسلامي، إذ لم يحقق أي منهما فتحاً حقيقياً. بل نستطيع القول إن الفلاسفة المسلمين انبروا لدحض فكرة قدم العالم وإثبات تناهيه حتى لا يقعوا في الشرك. فالعالم محدود وخلقه اللامتناه - الله - بقدرته اللامحدودة، فهل يمكن أن يخلق اللامحدود عالماً لا محدوداً له صفته نفسها؟
بالطبع، رفض المسلمون ذلك، بدءاً من الفيلسوف العربي الكندي، فالفيلسوف اليهودي سعاديا جاون (942 - 882) (Saadia Gaon)، والغزالي ونحوهم (19).
وسوف نناقش بعض هذه الأفكار بالتفصيل في فصل "العرب والمسلمون".
ومهما يكن من أمر مشاركة العرب فيما بعد، فقد ظل أثر أفلوطين واضحاً على القديس أوغسطين (354-430 St. Augustine للميلاد)، الفيلسوف واللاهوتي المسيحي، الذي تأثر بكل من أفلاطون وأفلوطين ودمج فلسفتهما في المسيحية، إذ استخدم أوغسطين حجة اللامتناه ونسبها إلى الله كما فعل أفلوطين.

---

(19) (Nicholas Rescher & Haig Khatchadourian, "Al-Kindis Epistle on the finitude of the Universe", in Isis, 1956, vol. 56, 4, No. 186, P. 426.

تحدث اللاهوتيون المسيحيون في حواراتهم الجدلية حول أعداد الملائكة اللامتناهية، وحول الأعداد من الملائكة الذين يمكن أن يقفوا على رأس دبوس، مثلاً، فطرقوا باب اللامتناهي الأكبر والأصغر، ولكن المحاولات الفلسفية الأهم جاءَت على يد القديس أوغسطين في كتابه "مدينة الله"، حيث اعتبر أوغسطين أن الأعداد الصحيحة متناهية، ولكنها في مجموعها لامتناهية، ثم تساءَل عن مشروعية القول بمحدودية معرفة الله، فالله يعلم بها قطعاً!

أما النقد الحقيقي لمنظومة أرسطو فجاءَت من الإسكندرية على يد يوحنا النحوي (John Philoponus) الذي يشار إليه أحياناً باسم يحيى النحوي.

عاش يوحنا النحوي في القرن السادس الميلادي، وهناك بعض الآراء المشكوك فيها تدعي أنه أدرك الفتوح الإسلامية لمصر وحاول إقناع عمرو بن العاص بعدم حرق مكتبة الإسكندرية. وعلى أي حال، فيوحنا النحوي، عالم ولاهوتي مسيحي من الإسكندرية في مصر ومن أصحاب المذهب الأفلوطيني، ثم أصبح ناقداً لفلسفة أرسطو واقترب من منهج العلم الطبيعي بحزم.

أثار يوحنا النحوي نقداً شديداً لمنظومة أرسطو، واستخدم الحجة التالية:

إذا كان الكون محدوداً، وإذا كانت القوة اللامتناهية لا يمكن أن تتحقق واقعياً في جسم متناه، بل هي وجود بالقوة، إذاً، لا يمكن أن يستمر الكون المحدود إلى زمن لامحدود، أي إلى الأبد، كما ساد الاعتقاد منذ أرسطو.

أما على صعيد الحركة الطبيعية، فيعتبر العالم العربي يوحنا النحوي، الأفلاطوني المحدث؛ من أهم من نقد معادلة أرسطو في الحركة نحو بداية القرن السادس الميلادي، واستبدل معادلة أرسطو $V={F\over R}$ التي لا تسمح بالحركة في الخلاء بالمعادلة: $V = F - R$ حيث V هي السرعة، F هي القوة R هي مقاومة الوسط. وبذلك أصبحت الحركة في الخلاء ممكنة طالما كانت:

المقاومة $R = $ صفراً،

حيث تصبح المعادلة:

$F = V$

فتصبح العلاقة طردية بين السرعة والقوة المؤثرة على الجسم. وهذا يعني أن الحركة إلى ما لانهاية غدت ممكنة في وسط لا مقاومة له، أي في الخلاء. وهذا فتح علمي جديد لم يسبق أن تم التعامل معه فيزيائياً بهذه الصورة. ولابد أنه شكل إلهاماً للعلماء من بعده.

وقد صرّح يحيى النحوي أنّ جسمين مختلفي الوزن يسقطان في وسط من الهواء تقريباً في آن واحد، بفارق زمني

صغير لا يُذكر. فكأنه قد أجرى تجربة مماثلة لتجربة غاليليو على برج بيزا المائل (20).

وهذا تقدم مذهل في فكرة اللامتناه، حيث أن مجرد الافتراض بإمكانية الحركة في الخلاء هو فتح علمي يكشف عن إمكانية الحركة المنتظمة في الخلاء إلى ما لانهاية طالما لا تؤثر عليها قوة جديدة تغير من اتجاهها أو من سرعتها؛ وهو ما قال به غاليليو وما أصبح فيما بعد قانون نيوتن الأول.

واستمر الاعتقاد العام بذلك إلى أن جاء القديس توما الأكويني (St. Thomas Aquinas) (1224 - 1274) صاحب الفكر الأرسطي اللاهوتي والفيلسوف القروسطي الذي نادى بإمكانية إثبات وجود الله بالتعقل الفلسفي من دون الحاجة إلى الإيمان أو الوحي. وفي حجته على إثبات وجود الله القائمة على السبب الأول، يرفض إمكانية تسلسل العلل إلى ما لانهاية.

ثم تساءَل توما الأكويني في القرن الثالث عشر عن لاتناه الله وقدراته، وناقش إمكانية وجود أعداد لامتناهية من الأرواح في الكون؛ فخلق الأكويني تناقضاً جاء من بعده توما

---

(20) Allan Franklin, "Principle of Inertia in the Middle Ages" In American Journal of Physics- vol, 44 No. 6, June 1976, PP. 531-544.

برادوردن (1349 - 1290) (Thomas Bradwardine) أسقف كانتربري لتجاوزها بربط اللامتناه بالأشكال الهندسية واتصاليتها اللامتناهية (21).

في كتابه (Summa Theologiae) يستخدم الأكويني اللامحدود في المادة بمعنى العجز وعدم الكمال، أي المادة غير المحدودة أو المحددة، فلنقل إنها الهيولى. إذ إن كمال المادة يتمثل في الصورة التي تصبغ عليها شكلها المحدد (22).

وهناك نقاشات تدور اليوم حول إذا ما تجاوز توما الأكويني أرسطو في هذه المسألة أم لا؟ وهل أسقط الأكويني النموذج الأفلاطوني المحدَّث على الأرسطية (23)؟ ويبدو لنا أن منطق الأكويني وإشكاليته ظلت أرسطية حتى النخاع.

على أي حال يمكننا القول إن البرادايم والإشكاليات المعرفية في عصر الأكويني كانت أرسطية أفلاطونية محدثة ولم تتجاوزهما في مسألة المتناه واللامتناه، وظلت المادة متناهية، والله هو اللامتناه.

---

(21) Amir. D. Aczel, The Mystery of the Aleph, 1st edition, New York: Pocket books, 2000, P. 41.

(22) Thomas Aquinas, Summa Theologica, Translated by The Fathers of the English Dominican Province, www.Gutenberg.org (Oct. 2009).

(23) Jude Meng, "Neo-Platonic Infinity and Aristotelian Unity", in Quodlibet Journal, volume 3 No 1, winter 2001

وإن كان الأكويني قد تجاوز أرسطو بالاعتقاد بفكرة اللامتناه بوصفها موجودة وجوداً واقعياً من خلال طبيعتها الميتافيزيقية، الموجودة وجوداً حقيقياً من خلال الله، ولكنه لم يتجاوز أفلاطون أو أفلوطين أو القديس أوغسطين في هذه المسألة.

ومن الجدير بالذكر أن محاولات مماثلة تمت على يد لاهوتيين يهود في ظل الحضارة العربية الإسلامية، لذلك فإننا نرى أن الحديث عنها أولى أن يكون في فصل اكتشافات العرب والمسلمين في ظل الحضارة العربية الإسلامية.

لم يتم تجاوز الإشكالية الأرسطية تماماً إلا في القرن السابع عشر، وعندها تم التأسيس لبرادايم جديد من خلال منهجية علمية حديثة، ربما اكتملت في صورتها الحديثة مع غاليليو. إذ نستطيع القول إننا انتقلنا مع غاليليو من إشكاليّة الفلسفة الطبيعيّة إلى إشكاليّة علم الطبيعة. وهذا ما سيكشف عنه الفصل الأخير من هذه الدراسة.

خلاصة الفصل الأول

سمح تقدم الرياضيات في الحضارات القديمة، كالبابلية والهندية، إلى التفكر بأرقام كبيرة، إذ كان التعبير عن رقم كبير بطريقة رياضية مكتوبة غير ممكن قبل ذلك، الأمر الذي فتح آفاق الإنسانية على اللامتناه.

وفي سياق بحث الإغريق عن طبيعة الكون وتكوينه تحدث أنكسمندر عن "الأبيرون اللامحدود" واصطدم الفيثاغوريون بالأرقام اللاعقلانية والجذور الصماء، وخلال اشتغالهم بالرياضيات النظرية التصورية، اصطدموا بفكرة القسمة إلى ما لانهاية وإشكالياتها، كما عبر عنها زينون الإيلي رداً على النظرية الذرية والأعداد اللامتناهية من الذرات في الكون غير القابلة للإنقسام إلى أجزاء أصغر.

انفتحت الهندسة على آفاق اللامتناه مع أفلاطون وأكاديميته إلى أن تمكن يوديكسوس من حساب مساحة الأجسام المنحنية بتقسيمها إلى مستطيلات، أي إلى أجزاء صغيرة لامتناهية في العدد؛ وكانت فكرة مهمة قادت إلى اللامتناه الأصغر الذي يقترب من الصفر. وانتهت المسألة مع أرسطو بتعريفه المتناه بوصفه وجوداً بالفعل وتعريفه اللامتناه بوصفه وجوداً بالقوة غير قابل للتحقق الواقعي.

ربما بدأ الاكتشاف المهم بشأن اللامتناه في القرن الثالث قبل الميلاد، عندما انفتحت هندسة إقليدس المستوية على فضاء ممتد لامتناه، وعندما قرر أرخميدس لأول مرة في التاريخ إمكانية وجود مجموعات لامتناهية متساوية في المقدار، وكذلك عندما اقترح إقليدس المكان اللامتناه وإمكانية وجود أشكال هندسية لامتناهية. وكان هذا تقدم كبير تم انجازه في تلك الفترة.

وقد فتحت تلك الاكتشافات آفاقاً رحبة لعلماء الفلك

والطبيعة، فنجد أريستارخوس في القرن الثالث قبل الميلاد يضع نظريته في مركزية الشمس ويتحدث عن النجوم "البعيدة جداً". ثم تركزت دعائم هذه النظريات مع لوكريتوس في القرن الأول قبل الميلاد عندما تحدث عن "العالم اللامتناه" وعن إمكانية وجود عوالم جديدة أخرى في هذا الكون الفسيح.

إن تصورات الكون اللامتناه وأكوانه المتعددة التي جاء بها جوردانو برونو في نهاية القرن السادس عشر لم تولد من فراغ، فالفكر الإغريقي شكل إلهاماً لفلاسفة عصر النهضة الأوروبية وعلمائها. فقد لاحظنا كيف تحدث لوكريتوس عن العالم اللامتناه الذي يحتوي أعداداً هائلة من الذرات، كما تحدث عن احتمالية وجود عوالم أخرى إلى جانب عالمنا، وأن السماوات ليست خالدة بل مادتها من طبيعة الأرض ذاتها القابلة للكون والفساد، كما قال أنكساغوراس من قبله؛ وأقر أنها مادة لا تكون من لا شيء ولا تنتهي إلى الفناء.

مع دخول الأفكار المسيحية وفلسفة أفلوطين في القرن الثالث بعد الميلاد بتنا نتحدث عن اللامتناه بوصفه الله؛ وفي القرن الرابع أخذ القديس أوغسطين يحدثنا عن أن مجموع الأعداد اللامتناهية لا يعلمها إلا الله. ولم تحتمل روما المسيحية العلماء، فقتلت الفيلسوفة والرياضية والفلكية الإسكندرانية هيبيشيا في القرن الخامس بعد الميلاد شر قتلة، ولكن القرن السادس سمح بولادة أفكار جديدة في

الإسكندرية، فبات يوحنا النحوي الإسكندراني يتحدث عن استحالة أن يستمر الكون الأرسطي المحدود إلى الأبد، كما صاغ تعديلاً مهماً على قوانين أرسطو في الحركة سمحت بافتراض وجود الخلاء وإمكانية الحركة المستمرة إلى ما لانهاية، الأمر الذي يشير إلى تجذر البحث العلمي الرصين في الشرق الذي سيحمل العرب والمسلمون لواءَه فيما بعد.

الفصل الثاني

العرب والمسلمون

فيما بدأت روما تغرق في عصور من الجهل والانحطاط منذ نهاية القرن الخامس للميلاد، بعد أن اجتاحتها جحافل البرابرة الأوروبيين من الشمال الذين سيصبحون سادة العالم بعد فتح أميركا ونهب خيراتها واستعباد سكانها الأصليين، كانت المسيحية تقترب إلى الشرق لتتمركز في القسطنطينية؛ بعد أن أعمل البرابرة القادمين من شمال أوروبا سيوفهم في رقاب الرهبان وحرقت الأديرة والمكتبات واستبيحت ديارها.
مع اقتراب مركز القوة من الشرق، كانت أمة العرب تستعد لأداء دورها العالمي، ففي القرن السادس للميلاد ازدهرت التجارة، وبدأ العرب يثبتون قوتهم على الفرس في الشرق وعلى الروم في الغرب، وباتت الدولة العربية الناشئة بالإسلام في مطلع القرن السابع تستعد لفتح العالم.

غرقت أوروبا في العصور الوسطى في المذاهب الغنوصية والهرمسية التي حولت علم الفلك إلى تنجيم وإدعاءَات ميتافيزيقية، فيما انطلقت أبحاث العرب والمسلمين في العلوم النظرية والتطبيقية المختلفة وأبدعوا في اختراع الآلات الميكانيكية واليدوية وأدوات الرصد وأدوات قياس الوقت

وغيرها، كما أدخلوا بعض التعديلات على نظام بطلميوس الكوني. واشتغلوا في العلوم النظرية والعملية فإلى أي مدى استطاعت الحضارة العربية الإسلامية أن تقترب من فكرة اللامتناه؟

من اللافت تأثر الفكر اليهودي في ظل الحضارة العربية الإسلامية بالتيارات المسيحية الغنوصية الروحانية التي اتجهت صوب التأمل الميتافيزيقي، وبما أنه قد تم إحياء فكرة اللامتناه في ظل الحضارة العربية الإسلامية، فإننا نجد ضرورة في هذا الفصل للحديث عن تطور الفكر اليهودي المتصوف؛ الذي اشتغل بالأعداد وربط النموذج الكوني بأشكال هندسية لامتناهية تعبيراً عن الله، وذلك منذ القرون الأولى بعد الميلاد.

تم تأسيس الكهنوت اليهودي بزعامة آرون (Aaron) أخ النبي موسى الأكبر بعد خروجهم من مصر. ونتيجة تدمير الرومان للقدس عام 70 بعد الميلاد وطرد قادة اليهود منها، بدأ الحاخامات الجدد (Rabbis) يقومون مقام كهنة المعابد، حيث بادروا بتأسيس مراكز تعليمية؛ اشتهر من هؤلاء المؤسسين جوزيف بن أكيفا Joseph ben Akiva) (50 - 132) بعد الميلاد) الذي انتهج طريقاً جديداً في التأمل الروحي للتقرب من الله، وكانت إحدى طرق التأمل هذه قائمة على تأمل ضوء وهّاج إلى شدة لامتناهية؛ كذلك الضوء

الذي تبدى حول عباءَة الله عندما ظهر الله لموسى على جبل سيناء.
وتقول الروايات إن عدة حاخامات دخلوا مرحلة التأمل الروحي هذه، في محاولة لتكرار تجربة موسى، ولم يخرج منها سالماً معافى إلا جوزيف بن أكيفا، فيما مات آخر ورأى ثالث إلهين، فوسم بالارتداد عن الدين (1).
انتشر الفكر اليهودي التصوفي وتناقلته مدارس عديدة، إلى أن أعادت المدرسة البابلية "هاي غاؤون" (939 - 1038) (Hai Gaon) إحياء تراث أكيفا المتمثل في إمكانية إعادة تمثل تجربة موسى على الجبل وتأمل الضوء اللامتناه الشدة الذي أحاط بالله.
ويذكرنا ذلك بالحكمة المشرقية عند ابن سينا التي هي إدراك حقائق العالم عن طرق الإرادة والعقل، وسبيل ذلك اتساع معرفة الإنسان بالوجود وتعاظم اختباره له حتى تتنامى قوة حدسه ليعرف حقائق العالم وعلل الظواهر المتنوعة بأدنى تأمل ممكن.
أما العبادة الباطنة (التصوف)، وهي التأمل في تفهم حقائق العالم، فتساعد الإدراك العقلي على أن يقوى ويشتد؛ وهذا هو الكشف أو المشاهدة. وهذا ما عناه ابن طفيل (ت 1185) بقوله:

---

(1) Amir. D. Aczel, The Mystery of the Aleph, 1st edition, New York: Pocket books, 2000,P .26

"... ثم إذا بلغت به الإرادة والرياضة حداً ما عنّت له خلسات من اطلاع نور الحق لذيذه..." (2).

لقد أحاط حيّ بن يقظان بالأجسام المادية عن طريق العقل وتدرج إلى أرقى مراتب الصور الروحانية، ولكنه عندما طلب معرفة الله أعيت عليه من طريق العقل فانقلب متصوفاً، وعرف الله عن طريق الكشف والمشاهدة بإشراق نور الله على القلب. فبعد أن تعب من استخدام العقل والمنطق انتقل من الفلسفة إلى التصوف سعياً وراء واجب الوجود (3).

وقد تأثر هذا التيار الصوفي الإسلامي واليهودي بانتشار الصوفية في العالم الإسلامي خلال القرن التاسع، إذ يذكر آدم متز، على سبيل المثال، مصنفات الحارث بن أسد المحاسبي الذي توفي عام 858 للميلاد، وهي من أقدم الكتب الصوفية العربية المتأثرة بالصوفية المسيحية والبوذية تأثراً عظيماً (4).

تعمقت الحركات الصوفية في القرن العاشر، وازدادت مخاطرها على استقرار الدولة، فنجد الحلاج يُقتل شر قتلة

---

(2) ابن طفيل، "حي بن يقظان"؛ قدم له وحققه فاروق سعد، ط4، بيروت: دار الآفاق الجديدة، 1995، ص 79.

(3) م. ن، ص 80، 83.

(4) آدم متز، الحضارة الإسلامية؛ تعريب محمّد أبو ريده، ط5، بيروت: دار الكتاب العربي، لات، ج2، ص 25.

عام 921 بعد أن ضرب بألف سوط وقطعت يداه ورجلاه وأحرق بالنار. كما كان القرنان التاسع والعاشر عصر ادعاء النبوة الكاذبة، كالمتنبي (ت 965)، واشتد نفوذ القرامطة الذين خربوا الشام ونهبوها وانتشروا في العراق ونهبوا مكة وقتلوا الحجاج (5).

ومهما يكن من أمر فقد أطلق اليهودي الإسباني سليمان بن جبرائيل في القرن الحادي عشر خلال الحكم العربي الإسلامي هناك لقب قبّالة (Kabbalah) على تلك الممارسة التصوفية اليهودية؛ وفي معرض البحث عن وسائل لتحقيق هذا التصوف الروحي، تم الاهتمام بالأعداد موضوع دراستنا هنا.

تم ربط الحروف الأبجدية العبرية بالأعداد الصحيحة، ومن ثم جرت محاولات لإيجاد علائق بين الكلمات التي تتساوى في مجموع أعداد حروفها، وشرعوا في البحث عن المعاني المضمرة لكلمات التوراة ونصوصها؛ وهكذا غرق اليهود في لعبة الأعداد كما غرق الفيثاغوريون من قبلهم، وكانت على الأرجح رد فعل على تشتت اليهود في العالم وارتدادهم إلى التأمل والتصوف هروباً من هذا العالم النابض بالحياة.

كان العدد عشرة عدداً مميزاً لديهم، إذ عَبّر كل عدد منها

---

(5) م. ن، ص 70، 80.

عن صفة من صفات الله، وخلف هذه الصفات بات يقبع الله في لا تناهيه - عين صوف (Ein Sof) .

عين صوف بالعبرية تبدأ بحرف الألف؛ وكذلك اللامتناه، الذي هو الله (Elohim)، فيبدأ بحرف الألف أيضاً، وايضاً الرقم (1) بالعبرية هو (Echad) ويبدأ بالحرف (أ)، ويقابله رقم واحد باللغة العربية. فالحرف (أ) يرمز إلى الله ذي الطبيعة اللامتناهية (6).

هذه هي النتيجة التي توصل إليها أصحاب مدرسة كارو كوردوفيرو (Caro Cordovero) في القرن السادس عشر عندما نزح أتباعها من مصر وإسبانيا وغيرهما إلى صفد في فلسطين (7).

نوقشت قضايا كثيرة في نقد هذا الاتجاه، كالتساؤل:

كيف يمكن أن يكون الله لامتناهياً وصفاته عشر فقط؟

وكانت الإجابة أن اللامتناه يحتوي على أجزاء متناهية؛ وهي إجابات تذكرنا بالإغريق، إقليدس مثلاً، وبالفيلسوف العربي الكندي، بخاصة في رسالته عن تناه الجرم، عندما افترض أن الجرم لامتناه، ثم اقتطع منه قطعة متناهية، واستدل أن ما يتكون من أجزاء متناهية هو متناه.

كما اقترح "القبّالة" فكرة "العدم"، فضلاً عن تفسير

---

(6) Amir. D. Aczel, The Mystery of the Aleph, 1st edition, New York: Pocket books, 2000, P. 44.

(7) Op. Cit. P. 34.

هندسي لفكرة اللامتناه من خلال الخطوط الممتدة إلى ما لانهاية على النمط الإقليدسي، أو الخطوط المنحرفة باتجاه اللامتناه. وقد فسروا الخلق بفعل الشعاع اللامتناه الذي شكل دوائر عشر لها المركز نفسه، وهي فكرة مطورة لفكرة الصفات العشر لله. وقد تأثر الشاعر الإيطالي دانتي (1265 - 1321) بهذه الفكرة كما يبدو في الرسم الظاهر في شكل (9).

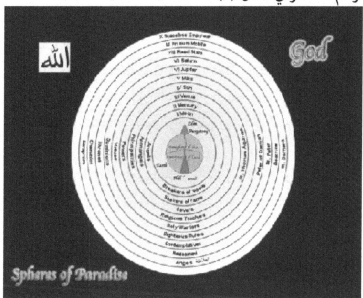

شكل رقم (9): عالم دانتي (من الجحيم إلى الفردوس)

وتظهر في الشكل الأخير أجزاء الأرض كما رآها دانتي، حيث يقبع الجحيم في أسفلها. وتحيط بالأرض الأفلاك،

حيث هي موطن النفوس. وكلما اقتربنا من الفردوس ترتقي السموات، حتى نصل إلى عالم الملائكة، فالفردوس المتاخم لملكوت الله.

تصف الكوميديا الإلهية لدانتي الجنة والمطهر وجهنم، ويسافر دانتي عبر العوالم التسعة، حتى يصل عوالم الملائكة، ثم يتجاوزها إلى ملكوت الله (Empyrean) ، حيث يقيم الله. وهو نموذج شبيه بنموذج "القبّالة"، حيث يوحي النموذج باللانهاية؛ وهذه الإيحاءَات ربما يبدو وقعها ملحوظاً في القرن التاسع عشر عندما يأتي ريمان (Riemann) بنموذجه الدائري لوصف اللانهاية (8).

وإذا عدنا إلى فلاسفة العرب والمسلمين وأخذنا بتقسيمات ديمتري غوتاس (9) في تصنيف الفلسفة العربية إلى تيارات امتدت لغاية القرن العاشر، وهي:

1) التيار الكندي الأفلاطوني المحدث، ومن أعلامه الكندي والبلخي وإسحق الإسرائيلي وغيرهم.

2) التيار المستقل والتيار الاكلكتيكي (Eclectic) ، ومن أعلامه ثابت بن قرة والرازي.

---

(8) Op. Cit. P. 38

(9) Gutas, Dimitri, The study of Arabic Philosophy in The Twentieth Century, British Journal of Middle Eastern Studies (2002), 29 (1), PP. 5-25

3) تيار مدرسة بغداد المشائية، ومن أعلامه متّـى بن يونس، الفارابي، يحيى بن عدي، ابن الخمّار، أبو الفرج بن الطيّب، وغيرهم (10).

وسوف نأخذ أبو يوسف الكندي (ت 874) وجعفر بن محمّد البلخي (ت 886) من التيار الأول مثالاً للدراسة.

وبعد أن تتوج هذا التنوع بابن سينا في القرن الحادي عشر، تفرعت منه تيارات ثلاثة، سوف نختار منها الأعلام التالية:

1) نصير الدين الطوسي (ت 1274) من التيار السينوي الرئيسي في إيران وخراسان.

2) ابن رشد (ت 1198) من تيار الأندلس المعارض للتيار السينوي.

3) ابن الشاطر (ت 1375) من المدرسة الاشراقية السينوية.

إن اهتمامنا بشأن تطور فكرة المتناه واللامتناه جعلنا نختار بعض الأعلام من هذه التيارات التي ازدهرت لغاية القرن الثالث عشر؛ كي نرى مدى تأثيرها في الفكر الأوروبي وإلى أي مدى ناقشت مسألة المتناه واللامتناه، وكيف؟

---

(10)أيّوب أبو ديّة، هل ثمة فلسفة عربية حديثة؟، في مجلة الفكر العربي المعاصر، بيروت - باريس: مركز الإنماء القومي، عدد 140 - 141، 2007.

إذاً، سندرس موقف الأعلام التالية أسماؤهم من مسألة تناه الكون مرتبين ترتيباً تاريخياً:
الكندي، البلخي، الخراجي، ابن أبي زرع، ابن الهيثم، أحمد الفرغاني، ابن سينا، البطروجي، ابن رشد، نصير الدين الطوسي، مؤيد الدين العرضي وابن الشاطر.
تساءَل الكندي في القرن التاسع للميلاد عن سبب استحالة أن يكون جسم الكون لامتناهياً بالقوة، كما ادّعى أرسطو، فما الذي يمنع أن نتصور زيادة حجم الكون إلى ما لانهاية؟
ولكن الكندي افترض أنه عندما تتحقق الزيادة في حجم الجسم فإنه يصبح جسماً محدوداً مرة أخرى قابلاً لزيادة أخرى. وهكذا ظل الكندي أسير الأرسطية، وانتهى إلى أن الكون محدود ومتناه، وأن الفلك "مطيع لله بحركاته، وهو جرم حيّ مميز، وهو حيوان عاقل يشعر وينطق ويسمع ويرى ولكنه يخلو من الخصال الغضبية والشهوية، فلا يغضب ولا يشتهي" (11).
ورفض الكندي أبدية الزمان وأزليته بحجة أنه "من المستحيل أن يكون قد مضى زمان لانهاية له، وأن يكون

---

(11) حسام يحيى الدين الألوسي، فلسفة الكندي، ط1، بيروت: دار الطليعة، 1985، ص 213.

سيأتي زمان لانهاية له" (12). وقد أفاض الكندي في رسالته "في حدود الأشياء ورسومها" حول ضرورة تناه الزمان والحركة. وهكذا ظل الكندي أسير الأرسطية في مسألة تناه العالم.

"في إيضاح تناه جرم العالم" يجهد أبو يوسف يعقوب بن إسحق الكندي لإثبات تناه جرم العالم بوسائل رياضية وحجج هندسية، لإثبات استحالة وجود قيمة أو أشكال لامتناهية. ويرى بعض الدارسين أنه أدرك تمام الإدراك أن منحاه في الكتاب الأخير قد اختلف عن المعالجة الفيزيائية التي انتهجها في رسالته "في وحدانية الله وتناه جرم العالم" (13). ولكن من الواضح لنا أن النتيجة التي توصل إليها في الكتابين كانت واحدة.

تُـلفت الكاتبة مونيكا رايوس (Monica Rius) الانتباه إلى دور علماء الهيئة العرب في خدمة السلطة، حيث كان يؤدي التنبؤ بالأحداث الفلكية إلى التمكن من نفوس الجماهير، أو ترهيبهم وجعلهم يهرعون للتعبد في المساجد. وقد شكلت

---

(12)إبراهيم محمّد الخطابي، فضاء الزمان في فكر ابن رشد، ط1، الرباط: المعارف الجديدة، 1998، ص 150.

(13) Nicholas Rescher & Haig Khatchadonrian, Al- kindi's Epistle on the Finitude of the Universe, In Isis, 1965, Vol. 56, 4, No. 186, p. 426.

هذه الظاهرة إعاقة في وجه تقدم العلم. كما رصدوا المذنبات والشهب وظاهرة السوبرنوفا (إنفجار ضخم لشمس)، حيث صنفوا الظاهرة الأخيرة بوصفها مذنباً نحو عام 1006 للميلاد (14). فماذا قال علماء الهيئة العرب في المذنبات فيما يتعلق بمصدرها؟

كان جعفر بن محمّد البلخي (ت 886) قد قال قبل ذلك بأكثر من قرن من الزمن: إن المذنبات تقع خلف فلك القمر ويمكن أن يكون لها مدار أو فلك ( ). فإذا قصد البلخي استحداث فلك جديد خلف فلك القمر فهذه إضافة لمنظومة أرسطو (وإن كانت غير صحيحة)، وذلك من حيث أنه اقترح فلكاً جديداً؛ ولكن الفكرة في إطارها العام ظلت أسيرة النظام الكوني الأرسطي المحدود بفلك النجوم.

لا شك في أن التفكير الأرسطي كان يسيطر على سواد الناس الأعظم في تلك الفترة، من العرب والمسلمين وغيرهم، كذلك كان حال أوروبا التي ربما كانت أسوأ بكثير في ظل الحكم الديني. ولتأكيد ذلك نقتبس من كتاب "روض القرطاس" لابن أبي زرع:

---

(14) Monica Rius, "Eclipses And Comets in the Rawd Al-Qirtas of Ibn Abi Zarc" in Science And Technology in The Islamic World; Edited by S. Ansari, Proceedings of the xxth International Congress of History of Science, Liege, 20-26 July 1997, P 148.

(15) Op. Cit., P. 149

"وفي سنة تسع وثمانين ومئتين كان الكسوف العظيم للشمس ... وذلك بعد صلاة العصر. فبدر أكثر الناس بالأذان في المساجد للمغرب، فغاب القرص كله وظهرت النجوم ثم انجلت بعد ذلك وعادت مضيئة قدر ثلث أو نصف ساعة ثم غربت وأعاد الناس الأذان والإقامة والصلاة" (16).

وفي بيان الرعب الذي كان يصيب الناس إثر الأحداث الفلكية الغامضة، يقول ابن أبي زرع: "وفي سنة ست وأربعمائة طلع الكوكب الوقاد ... وهو نجم هائل المنظر مفرط الضياء شديد الاضطراب والحركة ... وزعموا أنه لا يظهر منها كوكب إلا لقضية يحدثها في العالم ... وأقام مدة من ستة أشهر ثم غاب وكان بهذه السنة رياح كثيرة وبروق خاطفة ورعود قاصفة دون مطر" (17). ويمكننا من خلال النص ملاحظة التماثل بين النجم والكوكب من جهة الاستخدام اللغوي، وأيضاً ملاحظة رفض فكرة الكون والفساد في عالم السماء؛ إلا لإثبات حدوث الخوارق في العالم الطبيعي.

إذن، نلحظ عدم التمييز بين الكواكب والنجوم، فإننا نلاحظ اختلاط الظواهر الفلكية بالتنجيم والتنبؤ بأحداث سوف تصيب العالم والناس. كذلك أسقط العلماء على النجوم

---

(16) Op. Cit., P. 150

(17) Op. Cit., P. 151.

معرفتهم بأن القمر جرم معتم يستمد نوره من الشمس، بدليل مراقبتهم للخسوف، مثلاً.

لقد كان اهتمام العلماء المسلمين بالقمر عظيماً لأنه مرتبط بالتقويم الهجري وما إليه من أوقات الصوم والحج وما إلى ذلك من الفروض الدينية في الإسلام. ولكن هذا الخلط لم يستمر طويلاً، فقد جاء ابن الهيثم ليقيم التمييز بين الكواكب والنجوم.

يقول ابن الهيثم في "رسالة في أضواء النجوم" إن النجوم تبث الضوء بفعل خاصية ما تمتلكها. فإذا استمدت نورها من الشمس فإننا سنراها مختلفة، على شكل هلال، مثلاً، عندما تقترب من الشمس. ولكن، إذا كانت النجوم صغيرة، فلن تظهر كهلال (18)!

يخلص ابن الهيثم إلى أن النجوم ثابتة ومتجانسة وأحجامها صغيرة وتبتعث نورها الذاتي كما يفعل كوكبا عطارد والزهرة (Mercury) (Venus) أيضاً؛ إذ رفض الخازن (وهو لقب ابن الهيثم في الغرب) فكرة أنهما يستمدان نورهما من الشمس كالقمر (19). لسنا معنيين هنا سوى بمناقشة توقعه

(18) Hakim said, Ibn Al-Haitham; in proceedings of the 1000th anniversary conference; Hamdard National Foundation, Pakistan, 1-10 Nov. 1969, P 221.

(19) Op. Cit., P. 223

المذهل بأن النجوم تبتعث نورها ذاتياً، بالرغم من أن ابن الهيثم لم يتخيل النجوم شموساً كبيرة جداً بل اعتقد أنها صغيرة الحجم.

وهكذا بدأ علماء العرب في مطلع القرن الحادي عشر بفتوحات علمية على صعيد كوني، لقد أصبحت رؤية العين البشرية مرتبطة باستقبال الضوء المنعكس عن أسطح الأجسام الخارجية، ولم تعد هي التي تشع الضوء كما أخبرنا أرسطو. وهذه العين البشرية باتت تنظر إلى الكون من خلال منظور علمي نقدي؛ فإذا كانت النجوم تبث الضوء بفعل خاصية تمتلكها، كما قال ابن هيثم، إذاً، النجم جسم مادي ذو خصائص مادية محددة يبتعث الضوء ذاتياً. وكانت هذه خطوة مهمة تتجاوز التفسيرات التقليدية التي عرفها العالم قبل ابن الهيثم، وبخاصة فكرة الأرواح والنفوس التي تُحرك الأفلاك وتُضيء النجوم. ولكن ماذا عن نقد ابن الهيثم لبطلميوس، هل جاء بجديد؟

إنّ ملخص كتاب الحسن ابن الهيثم "الشكوك على بطلميوس" هو نقد مؤلفات بطلميوس: المجسطي، الاقتصاص والمناظر. وهو يبدأ كتابه كالآتي:

"الحق مطلوب لذاته، وكل مطلوب لذاته فليس يعني طالبه غير وجوده، ووجود الحق صعب، والطريق إليه وعر، والحقائق منغمسة في الشبهات، وحسن الظن بالعلماء في

طباع جميع الناس، ..." (20). وهذه المقدمة التي قد تبدو تقليدية لكنها في جوهرها تخبر عن شبهات في العلم قادمة.

ينتهي ابن الهيثم بعد نقد كَوْن بطلميوس بقوله: "...، إن بطلميوس لو قدر على هيئة يقررها للكواكب لا يلزم فيها شيء من المحالات لذكرها وقررها، ولم يعدل عنها إلى ما قرره الذي يلزم منه المحالات الفاحشة، وإنما قنع بما قرره لأنه لم يقدر على أجود منه" (21).

وهكذا انتهى ابن الهيثم إلى أن بطلميوس "عجز عن تقرير هيئات حركات الكواكب التي قررها في كتاب المجسطي" (22). وهذا تصريح واضح أنه لم يكن راضياً عن النظام البطلمي، ولكن ابن الهيثم أخذ به لأنه أفضل ما يوجد.

كما درس ابن الهيثم وعمر الخيام والطوسي وغيرهم الخطوط المتوازية في الفضاء الإقليدسي، وحاولوا إثبات عدم وجود أكثر من خط مواز واحد لخط مستقيم أصيل يمر بنقطة تقع خارج الخط المستقيم الأصيل. وبالرغم من أنهم فشلوا

---

(20) الحسن بن الهيثم، الشكوك على بطلميوس؛ تحقيق عبد الحميد صبره ونبيل الشهابي، وتصدير إبراهيم مدكور، ط1، القاهرة: مطبعة دار الكتب، 1971، ص 3.
(21) م. ن، ص 64.
(22) م. ن، ص 64.

في ذلك فقد فتحت أعمالهم الباب أمام هندسة القطع الزائد (Hyperbola) التي تشبه سرج الحصان، حيث هناك أكثر من خط واحد يوازي القطعة المستقيمة يمر بنقط تقع خارج الخط الأصيل، وحيث مجموع زوايا المثلث الواقع على سطح السرج يساوي أقل من 180 درجة. وخلال هذه الأعمال كان التعامل مع الفضاء الإقليدسي قائماً من حيث افتراض استمرار الشعاع أو الخط المستقيم إلى ما لانهاية. كانت اللانهاية، فيما يبدو لنا، هي فضاء الكون المحدود بفلك النجوم ولمّا يتجاوزه!

ويقول أحد محققي كتاب ابن الهيثم حول أهم شكوكه على بطلميوس ما يلي:

"ولعل أهم شك لابن الهيثم على "المجسطي" من الناحية التاريخية، هو اعتراضه الموجه إلى استخدام بطلميوس لما يسميه "الفلك المعدّل للمسير". فبطلميوس يُسلّم بمبدأ الحركة الدائرية المنتظمة التي سلم به علماء الفلك اليونانيون منذ عهد أفلاطون، وتطبيقاً لهذا المبدأ اخترع الفلكيون اللاحقون لأرسطو في تفسيرهم للحركات السماوية غير المنتظمة في ظاهرها؛ حيلتي الأفلاك الخارجة المركز و"أفلاك التداوير". فالفلك الخارج المركز دائرة مركزها خارج عن مركز العالم، أي مركز الأرض. وفلك التدوير دائرة صغيرة يقع مركزها على "فلك حامل"، أي أنه يقع

على أحد الأفلاك المعروفة التي تدور حول مركزها الأرضي" (23).
وتكمن أهمية هذا النقد لبطلميوس أن اعتراضات شبيهة كتلك التي جاء بها ابن الهيثم قد أدت إلى أن يتوصل الطوسي (ق 13) وابن الشاطر (ق 14) إلى تصور هيئات خاصة لحركة القمر تشبه ما وصل إليه كوبرنيق في القرن السادس عشر، الأمر الذي يرجح اطلاع الأخير على أعمال الهيئة عند العرب. فلم تكن أوروبا معزولة عن العالم الإسلامي بل كانت متلاحمة عند تخومها الشرقية والجنوبية والغربية، وكانت الترجمات اللاتينية للكتب العربية قد انطلقت مبكراً، كأعمال أحمد الفرغاني، مثلاً، والتي جاءَت قبل أعمال ابن الهيثم بنحو قرنين من الزمن، وكذلك أعمال الخراجي في المتواليات العددية في مطلع القرن الحادي عشر، أي في الفترة نفسها التي عاش فيها ابن الهيثم.
ولد أحمد الفرغاني، المهندس والرياضي والفلكي المسلم، بمدينة فرغانة في أوزباكستان التي كانت جزءَاً من الاتحاد السوفياتي سابقاً، ثم انتقل إلى بغداد أيام المأمون، ويُعرف عند الأوروبيين باسم (Alfraganus) ، وله مؤلفات في الفلك والإسطرلاب وكتاب الجمع والتفريق وغيره. كذلك

---

(23) م. ن، ص: س،ع.

حدد قطر الأرض وقدّر أقطار الكواكب السيارة. توفي الفرغاني نحو عام 861 للميلاد. كان كتاب أحمد الفرغاني "جوامع علم النجوم وأصول الحركات السماوية"، أهم ما ترجم إلى اللاتينية من الكتب العربية، تحديداً عام 1134 على يد يحيى الإسباني، ثم ترجم في نهايات القرن الثاني عشر على يد جيرار الكريموني، تبعته ترجمة عبرية ليعقوب الأناضولي وغيرها. وقد تأثر دانتي بالأفكار البطلمية التي جاءَت في كتاب الفرغاني، كذلك كان عالم عصر النهضة الأوروبية رجيومونتانوس (Regiomontanus) يلقي محاضرات حول الكتاب عينه في مدينة بادوا الإيطالية نحو عام 1464.

يقول الفرغاني في كتابه "جوامع علم النجوم وأصول الحركات السماوية":

"...، وهذا أيضاً هو الدليل على أن الأرض في صغرها عند السماء مثل النقطة..." (24).

وهذا مؤشر على إدراك الفرغاني للسعة الشاسعة للكون، وهو يؤكد على ذلك عندما يضع عنوان الفصل الرابع

---

(24) أحمد الفرغاني، جوامع علم النجوم وأصول الحركات السماوية؛ نشره وترجمه إلى اللاتينية يعقوب جوليوس، إعادة طبع طبعة أمستردام 1669، فرانكفورت: معهد تاريخ العلوم العربية والإسلامية، 1986، ص 13.

كالتالي: "في أن كرة الأرض منبتة في وسط كرة السماء كالمركز وقدرها عند قدر السماء كقدر النقطة من الدايرة صغراً" (25). بالطبع، إن هذا القول ليس دليلاً كافياً على أن فكرة امتداد الكون العظيم قد راودت ذهنه، ولكنها كانت نقطة انطلاق مهمة لا يجوز إغفالها.

ويستخدم الفرغاني مصطلح "الكواكب" للإشارة إلى النجوم، كقوله: "ولنصف منها مواضع الكواكب التي في العظم الأول وهي خمسة عشر كوكباً ومنها في برج الحمل..." (26). فبالرغم من أنه يستخدم مصطلح "النجم" ولكنه في مضمونه يراد منه كوكب، كما جاء في الفصل العشرين: "ثم الثريا ويسمى النجم وهي ستة كواكب صغار مجتمعة" (27). وهذا الخلط محير لأن البابليين كانوا قد ميزوا بين النجوم والكواكب السيارة وأطلقوا على الكواكب أسماء آلهتهم:

المشتري / مردوك

عطارد / نابو

المريخ / نرجال

الزهرة / عشتار

---

(25) م. ن، ص 13.

(26) م. ن، ص 75.

(27) م. ن، ص 77.

القمر / سن

الشمس / شمش.

وحول تقديرات بطلميوس لقطر الشمس يقول الفرغاني: "... وتكون مساحة جرم الشمس ماية وستاً وستين مرة مثل جرم الأرض" (28). وتجدر الإشارة هنا أن أريستارخوس (Aristarchus) في القرن الثالث قبل الميلاد كان قد توصل إلى أن قطر الشمس أكبر بنحو 6 مرات من قطر الأرض. ولكن تقديرات بطلميوس أقرب إلى الواقع.

وهذا دليل جديد على الخلط بين الكواكب والنجوم وأن الفرغاني لم يتجاوز الإشكالية الأرسطية والبطلمية، بينما استطاع ابن الهيثم الكشف عن خاصية النجوم المميزة في الإضاءَة الذاتية تمييزاً لها عن الكواكب التي تعكس أشعة الشمس فنراها مضيئة متوهجة.

وهناك دليل آخر على هذا الخلط نجده عند البلخي.

(ABUMASAR) هو جعفر بن محمّد البلخي، كما يلقبه الغرب، فلكي ورياضي فارسي عاش في القرن التاسع الميلادي؛ وفي كتاب بيرنيت (Burnett) نجد نصوصاً أصلية مترجمة للبلخي، يقول فيها:

"إعلم أن الكواكب السريعة السير بعضها فوق بعض، فأعلاها وأبعدها عنا زحل فالذي دونه في الفلك المشتري ثم

---

(28) م. ن، ص 83.

أسفل منه المريخ بعده الشمس ثم الزهرة ثم عطارد ثم القمر ولكل واحد منها خاصة طبيعية ودلالة على أشياء موجودة" (29).

ويقول: "ولهذه الكواكب السبعة أرباب، فرب يوم الأحد هو الشمس، ورب الاثنين القمر.... وهكذا..." (30).

وهكذا نجد أننا ما زلنا ندور في فلك علم الهيئة القديم، ولمّا نتجاوزه إلا مع ابن الهيثم والخراجي في مطلع القرن الحادي عشر بانطلاقة منهجية علمية جديدة؛ سوف تثمر فتوحات مهمة بشأن مسألة لاتناه الكون في القرن الثاني عشر، مع العالم الأندلسي البطروجي حصرياً، وهو تلميذ ابن طفيل الذي شجعه أستاذه على نقد النظام البطلمي.

فلنبدأ مع الخراجي أولاً ثم ننطلق لتكملة الحديث عن الإنجاز المهم للبطروجي في هذا المجال.

استخدم أبو بكر الخراجي (Al-Karaji) في مطلع القرن الحادي عشر استدلالات رياضية رفيعة المستوى لإثبات مسائل رياضية صحيحة لمتغيرات لامتناهية في العدد الصحيح (Integers) ، وذلك بمحاولة إثبات صحة المتغير من 1 إلى

---

(29) C. Burnett, K. Yamamoto & M. Yano, ABUMASAR, 1st edition The Netherlands: E.J. Brill, 1994, P. 66

(30) مؤيد الدين العرضي، كتاب الهيئة؛ تحقيق وتقديم جورج صليبا، ط1، بيروت: مركز دراسات الوحدة العربية، 1990، ص36.

5، مثلاً، ثم بالاستدلال من ذلك أن المعادلة صحيحة للأرقام إلى ما لانهاية. وربما كان ذلك أساس عمل موروليكو (Maurolico) في القرن السادس عشر الذي ناقش عمله باسكال في (Binomial Coefficients) باستخدام مثلثه المشهور نحو منتصف القرن السابع عشر (31).

عاش موروليكو أغلب حياته في جزيرة صقلية وأسندت إليه مهمة تنظيم الوسائل الدفاعية عن مدينة مسينا، فضلاً عن مهمة كتابة تاريخ صقلية. اشتغل موروليكو بإعداد جداول معكوس جيب التمام (جتا)، واشتغل في الهندسة ونظرية الأعداد وغيرها. وقد شكل اللامتناه محوراً مهماً في أعماله الرياضية والهندسية (32).

ومهما يكن من أمر، فإن اشتغال الخراجي باللامتناه الرياضي تزامن تقريباً مع أعمال ابن سينا (ت 1037) الذي قال إنّ حركة المتحرك القسرية في الفراغ، الناجمة عن قوة مؤثرة، يجب أن تستمر إلى ما لانهاية. ويقول في كتابه "الشفاء" إننا ندرك "المَيْـل" كقوة في المتحرك تقاوم القوى

---

(31) Rushdi Rashed, The Development of Arab Mathematics, London, 1994.

(32) J. J. O'connor & E. F. Rovertson, Francisco Maurolico, Mac Tutor History of Mathematics, December 1996. www.gap-system.org/history/printonly/Maurolico, entered 28 Oct. 2009

الخارجية التي قد تؤثر عليه فتوقف حركته أو تغير من اتجاهه. وهذه الفكرة فيها بذور قانون القصور الذاتي. هذا ما جاء به ابن سينا من جديد على نظرية يوحنا النحوي ويحيى بن عدي، التي اعتبرت أن القوة المؤثرة تتبدد حتى في الفراغ، فقد نقد ابن عدي في القرن العاشر نظرية أرسطو في دفع الهواء للقذيفة بعد انفصالها عن المحرك، واستعاض عنها بفكرة القوة المؤثرة عند يحيى النحوي (33).

للوهلة الأولى قد يُظن أن فكرة ابن سينا قصورية معاصرة، ولكننا نعتقد أنه حتى لو اصطدم بها ابن سينا فإنه سيرفضها لأن الإشكالية المفهومية آنذاك لن تستوعب مفهوم الزخم (Momentum) مرة واحدة، تماماً كما لو يُطلب من فيلسوف ذلك العصر أن يحلل الهواء إلى عناصره ومكوناته، كالأكسجين والهيدروجين والكربون وغير ذلك. فذلك الطلب مستحيل التحقق على نحو ما كان مستحيلاً على الإغريق أيضاً. لذلك، نجد ابن سينا يعود ليقول: "بما أن هذه الحركات الدائمة لا تُرى في الطبيعة، فوجود الفراغ مستحيل". فبعد أن وصل ابن سينا إلى إمكانية وجود قوة دائمة في الفراغ، رضخ للمشاهدة.

---

(33) أيّوب أبو ديّة، هل ثمة فلسفة عربية حديثة، في مجلة الفكر العربي المعاصر، عدد 140 - 141، بيروت - باريس: مركز الإنماء القومي، 2007، ص .

بناءً على ما تقدم، فإن المشاهدة عند ابن سينا لها مدلول معاكس لمدلولها عند غاليليو. ففيما استنتج ابن سينا من غياب الحركة المنتظمة المستمرة على سطح الأرض استحالة الخلاء، افترض غاليليو وجود الخلاء، واعتبر الحركة المنتظمة المستمرة قانوناً مَيْلياً. وسنبحث في ذلك بالتفصيل في فصل الثورة العلمية الكبرى.

وعليه، فإن المشاهدة عند ابن سينا دفعته إلى رفض إمكانية الحركة المستمرة إلى ما لانهاية. ولكن هذا العمل سيتابعه العرب كما فعل ابن باجه.

ابن باجة (ت 1138)، الفيلسوف والطبيب والرياضي والفلكي والموسيقي الأندلسي، أكد على إمكانية الحركة في الخلاء من دون مقاومة، واعتبر أن إمكانية ذلك يمكن رصدها من خلال مراقبة حركة النجوم والكواكب؛ ففي السماء لا توجد عناصر مادية تعيق الحركة كما يحدث على الأرض، بمعنى أنه لا توجد مقاومة للحركة بفعل الاحتكاك أو غيره. وعليه فإن ابن باجه أعاد إحياء نظرية يوحنا النحوي حول إمكانية الحركة في الخلاء إلى ما لانهاية.

وتظهر أعمال يوحنا النحوي التي تعود إلى القرن السادس، وبخاصة حول إمكانية الحركة في الخلاء، في كتابات ابن باجة 1138 - 1106 (Avempace)، بالرغم من أنها لم تترجم إلى اللاتينية. بيد أن ابن رشد 1198 - 1126 (Averroes) أشار إليها في تعليقاته على فيزياء

أرسطو (34). ومهما يكن من أمر فإن أهمية نظرية ابن باجة ويوحنا النحوي، التي تكمن في تحديد السرعة المنتظمة لجسم في الخلاء مقدار القوة المؤثرة عليه، وأن الوسط غير ضروري للحركة بل يُعيقها، كانت خطوة مهمة صوب الوصول إلى قانون القصور الذاتي، ذلك بالرغم من تصورهما ضرورة وجود محرك للجسم، فيما تتطلب السرعة المنتظمة لجسم في خلاء غياب أية قوة.

وقد عُرفت نظرية "المَيْـل" عند ابن سينا في أوروبا خلال القرن الثالث عشر بدليل أن روجر بيكون والقديس توما الأكويني اجتهدوا في دحضها آنذاك. ولم تشع النظرية مرة أخرى في أوروبا إلا في باريس عام 1323 على يد فرانسيسكوس مارشيا (F.De Marchia) . كما يظهر تأثر أوكهام (1350 - 1300) (Ockham) في القرن الرابع عشر بالمفاهيم السينيوية حول الحركة (35).

ويُعتقد أن عمل مارشيا الأخير قد أثر في أعمال بيريدن (- 1300) (Buridan 1358) الذي تحدث عن القوة المؤثرة على المتحرك ونفى دور الهواء في دفع القذيفة، بل اعتبر أن الهواء يقاوم تحرك القذيفة. وهذا بالطبع ما قاله ابن سينا

---

(34) Allan Franklin, "Principle of Inertia in the Middle Ages" In American Journal of Physics - vol, 44 No. 6, June 1976, P. 537.

(35) Op. Cit, P. 537.

بوضوح أكبر كما أسلفنا، باعتبار أن القوة المؤثرة (المَيْـل) تستمر في الفراغ إلى ما لا نهاية. وقد طوّر بيريدن فكرة القوة المؤثرة المارشية التي تدوم لفترة محدودة إلى زخم (قوة اندفاع - تحرك (Impetus) دائم ما لم تؤثر عليه قوى أخرى أو مقاومة ما. هذا، وقدم بيريدن تعريفاً كمياً للزخم بأنه يتناسب طردياً مع كل من كمية مادة المتحرك (وزنه) وسرعته. وهنا يظهر زخم بيريدن مشابهاً لزخم غاليليو (Impeto) ، ومشابها لكمية الحركة عند ديكارت (36).

أما أبو إسحق البطروجي الذي توفي عام 1185 بالمغرب وعاش في الأندلس وعاصر ابن رشد، فقد سميت باسمه فوهة بركان "البتراجيوس" القمرية لأهميته الفلكية. قدم البطروجي نقداً مهماً لبطلميوس يُعتبر إحياءً لنظرية يودكسوس (Eudoxus) الإغريقي الذي عاش في القرن الرابع قبل الميلاد في الأفلاك المشتركة المركز. وقد تُرجم كتاب البطروجي "الهيئة" نحو مطلع القرن الثالث عشر من قبل الألماني مايكل سكوت إلى اللاتينية.

اعترض البطروجي على "المجسطي" لبطلميوس من جهة إغفال حركة دوران الكواكب اليومية (37)، وعزاها إلى فلك

(36) Op. Cit. p.537.

(37) Bernard R. Goldstein, Al-Bitruji: on the principles of Astronomy, 1st edition, U.S.A: Yale University, 1971, Volume 1, p. 19.

يقع وراء الفلك المحيط (38). وهذا يدل على أن فكرة الكون المتسع بدأت مع العرب الذين شرعوا في رؤية عالم ما يقبع وراء الفلك المحيط الذي ظل حاجزاً أمام تطور فكرة اللامتناه.

كما تحدث البطروجي عن مسارات "لولبية حلزونية" (39)، وبذلك يكون قد تخطى المدارات الدائرية التامة للأفلاك. وقد تم ذلك بالرصد الدقيق للسماء ومحاولة تفسير حركة الأفلاك وفق نموذج أكبر دقة من نموذج بطلميوس.

وبالرغم من هذه الفتوحات العلمية المضيئة فإنها بقيت محصورة داخل برادايم أرسطو، فلم يتخطَ البطروجي إشكالية أرسطو في نواح عدة، فالحركة، عنده، إما طبيعية أو قسرية، والأرض هي مركز الكون، عالم الكون والفساد، ....إلخ (40). ولكن الذي يعنينا في مسألة لاتناه الكون - موضوع الكتاب - هو قدرة البطروجي على تخطي حدود الكون الأرسطي والبطلمي معاً.

أما ابن رشد (ت 1198) الذي عاصر البطروجي في الأندلس فينتهي في "كتاب السماع الطبيعي" إلى القول:

"وكذلك يتبين أنه لا يوجد عظم غير متناه بالفعل، وذلك

Op. Cit, P. 21.(38)

Op. Cit, P. 23(39)

(40) البطروجي، كتاب في الهيئة؛ بالعربية والعبرية، ط1، مطبعة جامعة ييل الأمريكية، 1971، الجزء الثاني.

أن كل عظم إما يكون خطاً أو بسيطاً أو جسماً. والخط، كما قيل في حدّه، هو الذي نهايتاه نقطتان، والبسيط هو الذي نهايته خط أو خطوط، والجسم هو الذي نهايته سطح أو سطوح" (41). ويضيف:

"وبالجملة فقولنا ما لانهاية وموجود بالفعل يظهر عند التأمل أنهما متناقضان، لأنه من جهة ما هو بالفعل فقد وجدت جميع أجزائه معاً فهو تام وكلّ ومتناه. ولذلك ما يحدّ أرسطو ما لانهاية بأنه الذي يوجد شيء خارج عنه، لكن هذا الطلب ليس مما يخص هذا العلم، وإنما الفحص المناسب له هل ههنا جسم طبيعي غير متناه،..." (42)؟ فنقول: "إن وجد ههنا جسم طبيعي غير متناه فإنما أن يكون بسيطاً أو مركباً، لكنه إن كان بسيطاً ووضع غير متناه في جميع أقطاره ولم يوضع متحركاً دوراً، فليس يمكن أصلاً أن يتحرك أو يسكن، لأنه ليس له مكان يتحرك إليه ولا يسكن فيه ..." (43).

خلاصة القول في النصوص الأخيرة أن المكان الذي رآه ابن رشد كان محدوداً، وظل في مسألة تناه الكون أرسطياً، إذ يتحدث عن عدم إمكانية تحقق اللامتناه واقعياً:

---

(41) ابن رشد، كتاب السماع الطبيعي؛ تحقيق وتعليق جوزيف بويخ، لاط، إسبانيا: المعهد الإسباني العربي للثقافة، 1983، ص36.

(42) م. ن، ص 36.

(43) م. ن، ص 36.

"وأما المقدار فإن التزيد فيه قد يظن أنه ممكن إلى غير نهاية، وأرسطو يأبى ذلك، لأن التزيد فيه هو تزيد في صورة واحدة. فلو أمكن التزيد فيه إلى غير نهاية لأمكن وجود صورة غير متناهية، لأنه إذا لم يمكن في طبيعة الشيء الواحد قبول النهاية، فهو غير متناه بالفعل" (44).

كما رأى ابن رشد أن العدم طارئ على الموجود، وأن كل موجود يلزم أن يكون باقياً من جهة ما هو موجود" (45). وهذا تأكيد لنظرية الخلق من عدم، وتدعيم لفكرة أن الحياة باقية إلى الأبد وأن الزمان لا يمكن أن يكون قديماً قدماً أزلياً إلى ما لانهاية.

وفي مساعٍ مماثلة يقول مؤيد الدين العرضي في القرن الثالث عشر:

"ولو أن إنساناً زعم أن النجوم تذهب على الاستقامة إلى ما لانهاية له فبأي وجه يرى كل واحد منها طالعاً في كل يوم من مطلعه الأول، وكيف إذا رجعت لم نرها راجعة" (46).

---

(44)م. ن، ص 42 - 43.

(45)إبراهيم محمّد، فضاء الزمان في فكر ابن رشد، ط1، الرباط: المعارف الجديدة، 1998، ص 167.

(46) C. Burnett, K. Yamamoto & M. Yano, ABUMASAR, 1st edition The Netherlands: E.J. Brill, 1994, P 60.

ولكن هذه الإشارة من العرضي إلى إمكانية وجود اللامتناه هي دليل على أن الفكرة كانت مطروحة للنقاش في تلك الفترة، وإنْ كان العرضي قد نفاها.

وقد كان موقفه من الحركة الدائرية على نحو مماثل. إذ أيد العرضي فكرة كروية السماء وضرورة الحركة الدائرية بوصفها أسهل الحركات وأتمها وأدومها ...إلخ (47): ولإثبات ثبات الأرض، يقول:

"...الحركة اليومية التي ترى الكواكب إنما هي حركة السماء وليست هي للأرض" (48).

ومن ثم يسعى العرضي إلى إثبات أن الأرض هي مركز العالم، بقوله:

"مركز ثقل الأرض، وهو مركزها، منطبق على مركز العالم" (49).

ويعود ليثبت سعة الكون بوصف الأرض بالنقطة في مقابل بُعد الفلك الأعلى وضخامته، إذ يقول:

"الأرض كالنقطة عند الفلك الأعلى" (50). وهو موقف

---

(47)   Op. Cit, P. 37.

(48)   Op. Cit, P. 42.

(49)   Op. Cit, P. 44.

(50)   Op. Cit, p.44.

مشابه لما قال به أحمد الفرغاني الذي جاء قبله بقرون عديدة عما أسلفنا.
لجأ العرضي إلى محاولة صياغة إزاحات المركز الحامل عن مركز العالم لتبرير حركة الكواكب والشمس بحيث تنسجم مع المشاهدة، ولكنه لم يجرؤ بالتطاول على مركز العالم المقدس بالنقد، أو ربما لم تخطر له على بال نتيجة قيود الإشكالية الأرسطية التي سيطرت على العالم آنذاك.
ويحاول جورج صليبا في الكتاب نفسه بيان تأثر كوبرنيق بما توصل إليه العرضي في هيئة الأفلاك العليا، وأيضاً تأثره بقطب الدين الشيرازي وابن الشاطر الدمشقي (1304 - 1375) في كتابه "نهاية السؤال في تصحيح الأصول" الذي تجاوز فيه نموذجه الكوني النموذج البطلمي وغدت حركة القمر في نموذجه مطابقة للرصد.
يرى ادوارد كنيدي أن ابن الشاطر وكوبرنيق ربما توصلا إلى هذا الاكتشاف مستقلين، ولكنه لا يستثني أن يكون كوبرنيق قد انتفع من أعمال آخرين كثابت بن قرة، مثلاً. وأيضاً من مدرسة مراغة (نصير الدين الطوسي تحديداً) ومدرسة كيرالا (Kerala) الهندية التي كانت مزدهرة قبل كوبرنيق بمئتي عام (51).

---

(51) E. S. Kennedy, Studies in the Islamic Exact Sciences, 1st ed., Beirut: AUB, 1983, P 37.

خلاصة الفصل الثاني

بدأ العرب في القرن التاسع نشاطاً مميزاً من جهة مسألة اللامتناه، حيث سعوا لإثبات تناه الجرم والزمان والحركة، كما فعل الكندي، ولم يذهبوا في ذلك القرن أبعد من أحمد الفرغاني الذي تحدث عن الكون العظيم الاتساع نسبة للأرض.

لم يتخلَّ العرب عن فكرة أن الأرض هي مركز الكون ولم يتطلعوا إلى عالم لامتناه كما حاول الإغريق، إنما افترضوا إمكانية ذلك وناقشوها وسعوا إلى دحضها.

كان القرن الحادي عشر قرناً مهماً أيضاً من حيث ظهور منهجية علمية في مطلع الألفية الميلادية الثانية كانت أكثر صرامة من ذي قبل، وتبدت في أعمال ابن الهيثم في البصريات وافتراضه أن النجوم تتوهج بفعل قواها الذاتية وأنها، أي النجوم، متميزة بذلك تمام التميّز عن الكواكب التي تعكس أشعة الشمس. كذلك تبدت المنهجية العلمية الجديدة عند الخراجي التي توصل بطريقة رياضية استدلالية إلى إثبات واقعية العدد اللامتناه في حدود المعادلة التي اقترحها.

أما القرن الثاني عشر فقد شهد حدثاً علمياً عظيماً مع البطروجي الذي تحدث عن فلك جديد يقع خلف الفلك المحيط، وبذلك يكون قد مزّق الحد الذي وضعه أرسطو

للكون وتجاوزه إلى فلك أبعد. كذلك تحدث البطروجي عن مسارات لولبية للأفلاك متجاوزاً النمط الدائري التقليدي الذي شغل الإنسانية منذ أفلاطون على أقل تقدير. ومن خلال دراسة نصوص مؤيد الدين العرضي وحججه التي رفض من خلالها فكرة لاتناه الكون، فإننا نعتقد أن مجرد الاجتهاد بمناقشة مسألة لاتناه الكون هي دليل كاف على أن مسألة لاتناه الكون كانت تشغل بال علماء الهيئة العرب والمسلمين نحو انطلاقة عصر النهضة الأوروبية - موضوعنا في الفصل الثالث.

الفصل الثالث

عصر النهضة الأوروبية

ظهر التحول الفكري الأوروبي الملموس في القرن الثالث عشر مع ظهور الجامعات وشيوع الكتب المترجمة من العربية إلى اللاتينية، إذ بدأ الحوار في تلك الفترة يشق طريقه الوعر حول إمكانية لانهائية الكون، فبدأت تساؤلات نقدية على النحو التالي:

- لماذا الكون الأرسطي محدود؟
- ألم يكن بإمكان الله خلق عالم لا محدود؟
- ألم يكن بإمكان الله خلق عوالم أخرى على أقل تعديل؟
- هل كان بإمكان الله خلق عالم لانهائي كنفسه؟

وهذا يجعلنا بدورنا نتساءَل عن الأسباب والآليات التي سمحت بهذا النقد المتطور!

وللإجابة عن ذلك سوف نناقش أفكار بعض الأعلام في الغرب مثل فيبوناشي وروجر بيكون ودانز سكوتس ونقولا الأكوزي وتوماس ديجز وغيرهم.

كان العالم العربي آنذاك مكتبة عظيمة تضم التراث العالمي وإبداعات العصر الفريدة التي أنتجتها الحضارة العربية والإسلامية في المشرق والمغرب. ففي جامع الزيتونة وحده،

خلال القرن الثالث عشر، احتوت المكتبة أكثر من مئة ألف كتاب. فكانت العيون الأوروبية الذكية المتعطشة للمعرفة تنظر باتجاه الشرق. والزيتونة تقع من صقلية وإيطاليا عند مرمى حجر، كما نقول.

دخلت الأعداد العربية إلى أوروبا نحو عام 1100، خلال حروب العرب والمسلمين مع الفرنج، لتلغي الأرقام الرومانية التي جعلت من التعامل مع الأرقام الفلكية أمراً شبه مستحيل. كما دخلت صناعة الورق التي كانت قد بدأت في بغداد منذ نهاية القرن الثامن، بتأثير من الصينيين، فيما بدأ أول إنتاج للورق الأوروبي في بولونيا عام 1293 (1).

إن دخول الأعداد العربية وتكنولوجيا صناعة الورق إلى أوروبا لم تساهم في النهضة الأوروبية فحسب بل كانت شرطاً ضرورياً لها.

أدى هذا الاتصال مع الشرق العربي والإسلامي إلى تعرّف الملاحين الأوروبيين إلى الإسطرلاب العربي (2)، ودخل مع الأرقام العربية وصناعة الورق علم الجبر وكتب الهندسة والطب والفلسفة وعلم الهيئة وغيرها.

---

(1) Muslim Heritage in Our World; second edition (Editors S. Al- Hassani and E. Woodcock, Foundation for Science, Technology & Civilization, U.K, 2006, p. 61.

(2) Op. cit., p. 137.

بدأت الترجمات من العربية إلى اللاتينية نحو القرن الحادي عشر وبخاصة كتب الطب. والجراحة، ربما مع قسطنطين الإفريقي، ثم تبعتها في القرنين اللاحقين أعمال جيرار الكريموني ومايكل سكوت في الفلك وغيره ( ). لذلك نجد الظروف الموضوعية في أوروبا قد بدأت بإنتاج علماء وفلاسفة من طراز مميز.

كان عصر روجر بيكون (1220 - 1292) العالم والفيلسوف الإنجليزي هو عصر ترجمات الأعمال الفكرية العربية والعالمية إلى اللاتينية، فقد ترجم جيرارد الكريموني (Gerard of Cremona) أعمال الكندي وجابر بن حيان، كما ترجم أعمال الزهراوي في الطب وأدواته الجراحية، فضلاً عن ترجمة أعمال ابن سينا، وغيرها، إلى اللغة اللاتينية؛ ولا بد أن أعمال العالم والفيلسوف الإسكندراني يوحنا النحوي (John Philoponus) في نقد الأرسطية قد تمت ترجمتها أيضاً وتعرّف روجر بيكون إليها.

وفي نهاية القرن نفسه شرع مايكل سكوت (Michael Scott) وجيرارد الكريموني في ترجمة المخطوطات العربية في قرطبة؛ ثم تبعه هيرمان الألماني (Herman) بترجمة ما يجده

---

(3) D.M. Dunlop, Arabic Science in the West, 1st Edition, Karachi: Pakistan Historical Society, 1958, p.20.

من كتب العربية ومخطوطاتها في مكتبات طليطلة وصقلية وغيرهما إلى اللاتينية (4).

وهكذا بدأت الترجمات إلى اللاتينية على نطاق واسع في القرن الثاني عشر، فلا عجب، إذاً، أن نرى اشتغال روجر بيكون بالتجارب الكيميائية في القرن الثالث عشر، ولا عجب أن نرى رهباناً من إنجلترا يقصدون طليطلة في إسبانيا المسلمة طلباً للعلم والمعرفة، حال الراهب دانيال المورلي (Daniel of Morley) في القرن الثاني عشر.

نشطت الترجمات في أوروبا قبيل عصر النهضة بشكل واسع النطاق على نحو يُذكرنا بعصر الترجمة في زمن المأمون ببغداد، إذ تأسست المدارس الغربية في ضوء هذا الزخم من الترجمات كحال تأسيس بيت الحكمة في بغداد، وذلك بدءاً من القرن الحادي عشر في مدرسة شارتير (Charters) الفرنسية وجامعات ساليرنو وبادوفا وبولونيا بجنوب إيطاليا.

وقد أنجبت العلوم الجديدة حركات اجتماعية أيضاً، إذ حدثت سنة 1200 ثورة طلابية ناجحة في جامعة باريس شرعت تطالب بحقوق وامتيازات للجامعات، حيث ساندها الملك فيليب أوغسطس، ثم تبعها مرسوم بابوي يعترف رسمياً

---

(4) .Op. Cit, p.21

بجامعة باريس (5). فقد بدأت الطبقات الاجتماعية الصاعدة في أوروبا تساهم في صياغة تاريخ أوروبا ونهوضه بدعم من الملوك والطبقات البرجوازية الصاعدة في الكثير من الأحيان.

أصبح الملك في بريطانيا هو رأس الدولة ورأس الكنيسة معاً، وما زال حتى يومنا هذا، وبازدياد نفوذ الملكية تقلص نفوذ رجال الدين إلى حده الأدنى؛ مقارنة بما كانت الحال عليه خلال هيمنة البابوية على معظم أوروبا، فانفتح الباب لمزيد من الحريات لتحدي نظام أرسطو الذي اعتنقته الكنيسة، وبالتالي إلى تحدي سلطة الكنيسة، الأمر الذي شكك في مصداقيتها العلمية والروحية معاً. وبذلك تأسست الأرضية المناسبة لانطلاقة العلم الحديث.

وعندما بدأت الجامعات تتأسس في نهاية القرن الثاني عشر لم تـُمنح اعترافاً رسمياً إلا في القرن الثالث عشر. فتأسست في مونبلييه بفرنسا جامعة ارتبطت بجامعة ساليرنو ودرّست الطب والفلك؛ إذ تقع مونبلييه على مقربة من الأندلس، حيث التحق بها طلبة من أوروبا كلها. فعلى سبيل المثال، وصل إليها طالب إنجليزي عام 1270 وكتب أطروحة حول الإسطرلاب. كما درس ألبرت الكبير (ت 1280)،

---

(5) Y. Dold-Samplonius, "Development to in the solution to the Equation cx2+bx=a from al-khwarizmi to Fibnacci, in Annals of the New York Academy of sciences, volume 500, pp.71-87.

الطبيب الألماني البارع، في جامعة بادوفا، وأخذ من علوم الخوارزمي وجابر بن حيان وموسى بن ميمون وابن رشد وغيرهم (6).

وبعد أن ترسخت الجامعات على شواطئ البحر الأبيض المتوسط في جنوب إيطاليا وفرنسا، بدأت العلوم العربية والتراث الهيلينستي (اليوناني والروماني)، الذي حفظه العرب وأضافوا إليه، بالوصول إلى باريس منذ بداية القرن الثاني عشر، انطلاقاً من كاتدرائية نوتردام وغيرها. ثم أنجبت هذه المراكز العلمية فيما بعد، بفعل امتدادها إلى الشمال، جامعة أكسفورد نحو عام 1167، وبخاصة لأن الملك هنري الثاني منع الإنجليز آنذاك من الدراسة في باريس لأسباب سياسية.

وجدت الترجمات العربية للإغريق الذين سبقوا الفكر البطلمي والأرسطي طريقها إلى أوروبا، فدخلت أفكار عربية وإغريقية جديدة إلى أوروبا أكثر انسجاماً مع حركة الكواكب وطبيعة الكون، كنظرية أريستارخوس في مركزية الشمس والنظرية الذرية الديمقريطسية والكميات اللامتناهية العدد من الذرات غير القابلة للانقسام إلى ما لانهاية، فضلاً عن تطويرات العرب على نظام بطلميوس، كأعمال البطروجي وابن الشاطر وغيرهما.

---

(6) E. S. Kennedy, Studies in the Islamic Exact Sciences, 1st ed., Beirut: AUB, 1983, p. 54.

وجدت فكرة اللامتناه طريقها للعقل البشري عبر اشتغال الأقدمين بالحساب والهندسة من جهة الخطوط والمسطحات والمنحنيات وما إلى ذلك، ومن جهة علم الفلك أيضاً الذي كان ملاذاً للعلماء إلى حد كبير، كما توصلنا في الفصول السابقة، ولكن طريقاً جديداً بدأ العمل به من خلال الحساب والجبر، وجرت محاولات لحل مشكلة الأعداد اللاعقلانية التي سدت منافذ التطور في الفكر الفيثاغوري. وكانت إسهامات العرب والمسلمين والهنود في الشرق فيما بعد مميزة في هذا المضمار؛ وفي الوقت ذاته استمر العرب في التأليف في الجبر والمقابلة في إسبانيا، مثلاً، كابن بدر (Abenbeder) في القرن الثالث عشر وكتابه "كتاب اختصار الجبر والمقابلة" (7). اشتغل العرب بالأرقام الجذرية والجذور الصماء وبالأرقام الكسرية اللاعقلانية، وبالكمية التخيلية، مثلاً: 1، كالبغدادي والخراجي والخوارزمي؛ كما اشتغل ابن حمزة بالمتواليات العددية والهندسية. فقد كشفت لعبة الأرقام عن بعد لا نهائي، كحال قسمتنا 1 على 3، فإن الإجابة هي 3 8 333.0 إلى ما لا نهاية. وقد اعتبر الأوروبيون هذه الأرقام غير واقعية وغير حقيقية. ناهيك بالجذور مثلاً، فجذر 2، أي 2، يساوي 1 4142135، وهكذا دواليك.

Op. Cit, p.54. (7)

وعليه، فإنه يمكن القول إن الجدل حول المتناه واللامتناه قد تم التعبير عنه من خلال الحساب والهندسة عبر تاريخ الفلسفة القديم. وفيما اعتبر الإغريق والأوروبيون من بعدهم أن الأرقام الصحيحة (1، 2، 3، ... إلخ) هي فقط أرقام عقلانية، قام العرب بالتعامل مع الأرقام غير الصحيحة بطريقة عقلانية واستخدموها في المعادلات الرياضية والجبرية على شكل أرقام عشرية وجذور وما إلى ذلك.

وصلت هذه الكتب عن طريق الترجمات، فتمّت ترجمة كتاب إقليدس "الأصول" من العربية إلى اللاتينية في القرن الثاني عشر (ترجمة أديلارد من مدينة باث الإنجليزية وترجمة جيرار الكريموني). كذلك تمّت ترجمة بعض الأعمال الرياضية والجبرية للعلماء المسلمين، وبخاصة أعمال الخوارزمي. فبدأت إثر ذلك تظهر أطروحات العرب والمسلمين في أعمال علماء النهضة الأوروبية، مثل كاردانو (G. Cardano) (1501-1576) وستيفل (M. Stifel) (1486 - 1567) وغيرهما (8).

قدّم الخوارزمي للعالم في القرن العاشر علم الجبر

(8) G. Matvievskaya, "The Theory of Quadratic Irrationals in Medieval Oriental Mathematics", in Annals of the New York Academy of sciences, volume 500, pp. 253-277.

وفصله عن الرياضيات التي استندت إلى الهندسة. أصبح العلماء يستطيعون التعبير عن المتغيرات برشاقة ودقة، كاستخدام أ، أ2، أ3، ... وكذلك، $\frac{1}{\text{أ}}$، $\frac{1}{\text{أ2}}$، $\frac{1}{\text{أ3}}$، ...،

ثم تبعه عمر الخيام في القرن الحادي عشر موضحاً المعادلات للقوة المكعبة، ونحوها. هذا فضلاً عن الإنتاج الهائل في صنوف المعرفة كافة.

ترجمت أعمال الخوارزمي في الجبر إلى اللاتينية نحو عام 1145 من قبل روبرت من مدينة شيستر الإنجليزية وأيضاً من قبل جيرار الكريموني، والتي أصبحت مرجعاً مهماً للعالم والرياضي الإيطالي ليوناردو فيبوناشي (Fibonacci) الذي استخدم الأمثلة نفسها التي تعامل معها الخوارزمي، كالمعادلة:

$$x^2+10x=39$$

نشر الرياضي الإيطالي فيبوناشي كتابه الموسوم (Libre Abaic) عام 1202. وقد قام بإدخال هذه التجربة العربية الفريدة والمتقدمة ذات الجذور الهندية إلى أوروبا نحو عام 1200، وتعزى له أرقام تأتي على صورة متوالية عددية، كالآتي:

0,1,1,2,3,5,8,13,21,34,55,90 ...

ويمكن تمثيلها في المعادلة التالية:

$$fn = fn-1+fn-2$$

وقد تمت محاولة تطبيقها على تكاثر الأرانب وأزهار

النباتات، مثلاً. ومهما يكن من أمر أهميتها في الحياة العملية، فقد فتحت آفاق التعامل مع أعداد مستمرة إلى ما لانهاية - موضوعنا في هذه الدراسة.

تنبه يوهان كبلر في القرن السابع عشر إلى علاقة هذه المتواليات الرقمية واكتشف أن قسمة رقم ما على الذي يليه تعطي قيمة متساوية تقترب من النسبة الذهبية (9).

وهكذا أخذت تتداخل أعمال الجبر والرياضيات والهندسة تداخلاً سارع من تقريب فكرة اللامتناه من الأذهان.

وهناك المعادلة التي اقترحها فيبوناشي في مطلع القرن الثالث عشر للاقتران (X) ، كما يلي:

$$S(x) = \sum_{k=0}^{\infty} Fk^{x^k}$$

وتنطبق هذه المعادلة على قيمة k من صفر إلى ما لانهاية (!). وقد استطاع فيبوناشي إيجاد قيمة محدودة لهذه المجموعة ضمن حدود {1\ > {over \varphi} 1\ . \vert x \vert

وهذا هو تقريباً ما فعله الخراجي (10) من قبله في القرن الحادي عشر إنما على نحو أكثر بساطة. ولكن فيبوناشي حل

(9) www.wikipedia.org/wiki/fibonacci_number (entered 30/06/2009).

(10) Bernard R. Goldstein, Al-Bitruji: on the principles of Astronomy, 1st edition, U.S.A: Yale University, 1971, Volume 1, p. 19.

هذه المعادلة اللامتناهية الحدود وتوصل إلى قيمة نهائية محددة، الأمر الذي سمح باختزال اللامتناه إلى مقدار واقعي متحقق.

وهناك تطبيقات عملية كثيرة لمتواليات (Sequences) اخترعها فيبوناشي كنمط ظهور الفروع في الشجرة، وطريقة تشكل أوراق الشجر حول الساق وأزهار نبتة الأرضي شوكي وأزهار نبتة عباد الشمس وما إلى ذلك (11). وتتكشف هنا الطبيعة العملية والبراغماتية للفكر الأوروبي من حيث تطبيق النظرية على الواقع العياني وتشعباته الطبيعية.

وهكذا انفتحت الطبيعة أيضاً على المتواليات العددية والرياضية التي باتت تتعامل مع اللامتناه الأكبر، وهي تذكرنا بمقولة غاليليو إن الطبيعة مكتوبة بلغة الرياضيات. وقد جعلت هذه المحاولات من العدد اللامتناه عدداً واقعياً على خلاف ما كان يُظن سابقاً (باستثناء لوكريتوس والخراجي ومن حذا حذوهما)، كما انقشع سديم فلك النجوم للعلماء والفلاسفة وباتوا يتجاوزونه رياضياً إلى ما لانهاية.

وبناء عليه، يتضح تضافر جهود الفكر العالمي في النهضة الأوروبية، ودور العرب في الحضارة العالمية، ولكن الذي لا

---

(11) P. Prusinkiewicz & H. James, Lindenmayer systems, Fractals and Plants (Lecture notes in Biomathematics), Springer - verlag, 1989

مجال للخلط فيه هو أن المنهجية في ذلك العصر الأوروبي ظلت ما قبل علمية، بدليل قول العالم مايكل ستيفل Michel Stifel) عام 1544 ما يلي: "لا يمكن أن نقبل هذه الأعداد العشرية بوصفها أرقاماً حقيقية لأنها تفتقر إلى الدقة، كما أننا نعتبر العدد اللانهائي ليس رقماً، كذلك حال الأعداد اللاعقلانية فإنها أعداد غير حقيقية ولكنها تتخفى في ما يشبه السديم اللامتناه" ( ). فقد ظلت أوروبا حتى القرن السادس عشر تعيش في إشكالية أرسطية عربية إسلامية، باستثناء بعض التجاوزات هنا وهناك والتي لم تشكل تياراً واضح المعالم.

لم يتوقف النقاش في أوروبا حول المحدود واللامحدود، المتناه واللامتناه، خلال القرون اللاحقة، كما سوف نرى من خلال نقاشنا لأفكار القرن الثالث عشر والرابع عشر كما عبر عنها كل من روجر بيكون ودانز سكوتس وريمون لال ومايستر إكهارت، ولأفكار القرن الخامس عشر، التي سبقت أطروحات برونو مباشرة، وذلك من خلال أعمال الفيلسوف الألماني نقولا الأكوزي وأعمال توماس ديجز.

روجر بيكون (ت 1292) فيلسوف إنجليزي ولد في مطلع

---

(12) Morris Kline, Mathematical Thought from Ancient Modern Times, Oxford University Pren, 1972, p. 251.

القرن الثالث عشر لعائلة ميسورة الحال، درس في جامعة أوكسفورد وهي مازالت مؤسسة فتية، حيث تعلّم قواعد اللغة والبلاغة والمنطق والموسيقى وعلم الفلك والجغرافيا والهندسة والحساب؛ وتعلّم هناك أيضاً أن كروية الأرض يمكن الاستدلال عليها من خلال خسوف القمر حيث تُسقِط حواف الأرض الدائرية خيالها على القمر، كما شاهد أرسطو. زار روجر بيكون فرنسا بدعوة من باريس ليحاضر عن أرسطو، فاستقر فيها يُدرّس الفلسفة، واستدعى ذلك أن يتعلم اليونانية والعربية والعبرية والإسبانية. وسعى لإعطاء مشروعية للعلم بإبراز أهميته للاهوت الذي لم يكمل دراسته لاهتمامه بالفلسفة والعلم أكثر. وقد كانت نتيجة لاهتمامه بالعلم أكثر من اللاهوت أن حُكم على روجر بيكون بالسجن في النهاية لتعاليمه المستحدثة والخارجة عن المألوف وأفكاره الجديدة في الفلك وهجومه على لاهوتيي عصره.

وعَبر دراسة المنطق اكتشف أن العالم لامتناه، لأن وجود كون متناه لا يمكن أن يسمح بوجود إله لامتناه! فمن أين أتى روجر بيكون بهذه الأفكار الجديدة التي تتعارض مع فكرة أرسطو في الكون المحدود؟

اعتقد روجر بيكون (ت 1292) بما قال به ابن رشد الذي أشار في شروحاته على أرسطو إلى أن النظام الأرسطي، وكذلك النظام البطلمي للكون، لا يعكسان طبيعة

الحال ولا ينسجمان مع المشاهدة أو العلم الرياضي. ولكن روجر بيكون لم يناقش مسألة اللامتناه بصورة مباشرة كما سوف يفعل فيلسوف اسكتلندي من بعده.
دانز سكوتس (1308 - 1266) (Duns Scotus) فيلسوف ولاهوتي إسكوتلندي رُسم كاهناً في نورثامبتون بإنجلترا عام 1291، وتنقل بين أكسفورد وكمبريدج وباريس للتعليم. وتكمن أهمية هذا الفيلسوف في مناقشاته لمفهوم اللامتناه، موضوع بحثنا.
ناقش دانز سكوتس مشروعية القول بوجود نقط لامتناهية حول محيط الدائرة، وافترض دائرتين مختلفتي القطر لهما مركز واحد لمناقشة هذه المسألة. فإذا اشتملت الدائرة الأكبر على عدد أعظم من النقط على محيطها الأطول قياساً بالدائرة الأصغر قطراً، فإن هذا غير ممكن لأنه بإمكاننا ربط النقط الواقعة على المحيطين بأشعة (جمع شعاع) مستقيمة، أو أنصاف أقطار، لتصل إلى مركز الدائرتين الموحد.
وعليه، افترض سكوتس وجود العدد نفسه من النقط على المحيطين المختلفي الأقطار. وهذا يعني أن محيط الدائرة الكبرى يشهد فراغات بين الأشعة الصادرة عن المركز. وهي مسألة سوف يناقشها غاليليو أيضاً فيما بعد ومن خلال هذا المثال عينه، سوف يفترض غاليليو وجود فراغات لامتناهية في العدد ولامتناهية في الصغر لحل هذه الإشكالية.

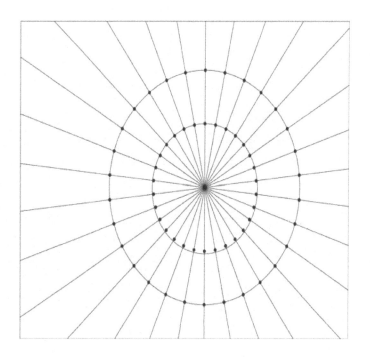

شكل رقم (10): النقط اللامتناهية عند محيط الدائرتين
- متباعدة للتبسيط -

أما ريمون لال (1232 - 1315) (Ramon Lull)، الفيلسوف الإسباني من جزيرة مايوركا التي كانت تابعة لعرش أراغون، واسمه بالإسبانية هو (Raimundo Lulio) ، وقد عرف عنه توقعاته لنظرية الاختيار (Election theory) في الجمع والتي تأثر بها الفيلسوف والعالم الألماني ليبنتز في القرن السابع عشر.

ادّعى ريمون لال أنه رأى المسيح خمس مرات، وتحول إلى راهب اعتزل الحياة في البرية، ثم تحول إلى الفرانسيسكانية. كتب في الخيمياء وعلم النبات وكان روائياً

رومانسياً، كما درس العربية وسعى لتحويل مسلمي إسبانيا إلى المسيحية، وقد كتب بعض كتبه باللغة العربية ( ).

ويبدو أنه تأثر بالعرب وباستخدامهم آلة الزرخة في التنجيم واستخدم علم الكلام الإسلامي للدفاع عن العقيدة المسيحية، واخترع آلة مكونة من دائرتين متداخلتين تؤشران إلى معارف يتم التوصل إليها بصورة منطقية، منها أسماء الله الحسنى، وذلك للوصول إلى قلوب المسلمين ( ). وقد تم تطوير هذه الآلة لخدمة العلم فيما بعد والتي يبدو لنا أنها تطوير لدائرتي دانز سكوتس التي خلقت إشكالية مرتبطة بالفراغ والنقط اللامتناهية حول المحيط. وقد منع البابا بعد ذلك نشر مؤلفاته لتجاوزها ما هو مألوف حول مسألة اللامتناه.

أما مايستر إكهارت (Meister Eckhart) (1260 - 1328)، الراهب اللاهوتي والفيلسوف الدومنيكاني، فقد عبّر عن التغيرات الطبقية في القرنين الثالث عشر والرابع عشر في

---

(13) Samuel Zwemer, Raymund Lull: first missionary to the Muslems, New York and London: Funk & Wagnalls W., 1902, reprented by Diggory Press, 2006, p.105.

أوروبا وعن روح التغيير التي سادت آنذاك متحدية ما هو مألوف.

ولد إكهارت بألمانيا ودرس في باريس، ثم تنقل في الخدمة والتدريس بين كولون (Cologne) وباريس. أثارت كتاباته استياء الكنيسة التي أدانت 17 مقالة كتبها بوصفها هرطقة، وأدانت 11 مقالة أخرى باعتبارها ربما تكون هرطقة كذلك، وذلك عام 1329.

ولكن إكهارت توفي قبل أن ينطقوا بالحكم عليه. إذ يبدو أنه في القرن الرابع عشر كانت سلطة البابوية مهيمنة تماماً على الفكر الأوروبي الناشئ بأثر عربي رشدي واضح المعالم، كما كانت الحال مع روجر بيكون.

ظلت مسألة اللامتناه مفتوحة للنقاش بصورة خجولة حتى جاء الفيلسوف والكاردينال الألماني نقولا الأكوزي (1464 - 1401) (Nicholas of Cusa) وكتب أطروحته حول الجهل المتعلم (On Learned Ignorance) وناقش المتناه واللامتناه بصورة أوضح معبراً عن تجذر النهضة الأوروبية وطموحاتها اللامحدودة. لقد بدأنا نلحظ شجاعة أكبر في طرح الأفكار الإشكالية في القرن الخامس عشر؛ القرن الذي سوف يشهد في نهايته أعمال العالم والمهندس والرياضي والمخترع والرسام العظيم ليوناردو دافنشي (1452 - 1519)؛ فلا

عجب أن تتزامن أعماله العظيمة مع فتح أوروبا للعالم الجديد عام 1492.
انطلق نقولا الأكوزي من منهج الفلاسفة الذي عندما يشرع بتحليل أي مشكلة ينطلق من تعريف المفاهيم، فتساءَل: ما هو اللامتناه؟
إذا قمنا بتعريف اللامتناه على نحو مختلف عن المتناه، يقول الأكوزي، فإننا نكون بذلك قد حددنا اللامتناه بالتعريف فجعلناه محدداً؛ ولن يصبح بعد ذلك غير محدد أو لامتناه.
ويستشهد في ذلك بمحاولات تعريف تاو Tao ( ) في الفلسفات الصينية القديمة التي تقول: إذا قمنا بمحاولة تعريف اللامتناه فلن يكون هو وصف للامتناه الحقيقي غير القابل للتعريف. وعليه، توصل الأكوزي إلى أن اللامتناه يفوق الوصف. ولذلك اقترن اللامتناه بالحقيقة، ووصفه الفلاسفة واللاهوتيون بألقاب: الله، براهما، تاو، وغيرها.
ولكن الأكوزي لم يرضَ بهذه الحال!

---

(15) تاو، هو مفهوم مستخدم في التاوية والكونفوشية، وبشكل عام في الفلسفات الصينية القديمة. وهو مفهوم يشير إلى أسس طبيعة هذا العالم، وهو الذي لا يمكن التعبير عنه بالكلمات ويشير إلى الذي لا اسم له، غير قابل للتعريف، اللامتناه؛ الفراغ الأبدي المليء بالإمكانات اللامحدودة. وأحياناً يُشبّه بالماء الذي لا لون ولا طعم ولا رائحة له، وفي الوقت نفسه تعتمد عليه الحياة كلها.

حاول الأكوزي تسخير الهندسة لفهم اللامتناه، فضرب مثل الدائرة المتسعة إلى ما لانهاية، فكلما اتسع محيط الدائرة يتبدى لنا المحيط وهو يتحول من منحنى إلى خط مستقيم بصورة تدرجية، فتصبح منحنيات الدائرة في النهاية متطابقة مع الخط المستقيم (كما يظهر في الشكل 11). وطالما أنه لا يمكن تفسير ذلك بطريقة عقلانية، غدا ضرورياً أن ننظر إلى هذه المسائل من خلال رؤية باطنية وهندسية معاً ( ).
وهكذا توصل الأكوزي إلى فكرته في أن الكون لا يحده فلك محيط ولا يمكن أن تكون الأرض أو الشمس في مركزه، إذ يقول:
"من المستحيل لهذا الجرم الأرضي بمكوناته المادية أن يكون مركزاً قاراً ...؛ وبالرغم من أن الكون ليس لا نهائياً فلا يمكن أن يدرك بوصفه متناهياً..." ( ).
وبذلك يكون قد فتح الباب على مصراعيه لقبول فكرة العالم اللامتناه، بالرغم من التزامه اللاهوتي الظاهري.

---

(16) Miguel Granada, "Aristotle, Copernicus, Bruno: centrality, the principle of movement and the extension of the Universe", in studies in History and philosophy of Science; sci. 35 (2004) p. 98, 103.

(17) (H. Nicholas, & Lawrence Bond, (translation); Nicholas of Cusa, 1st edition; New York, paulist press, 1997, pp. 158-159.

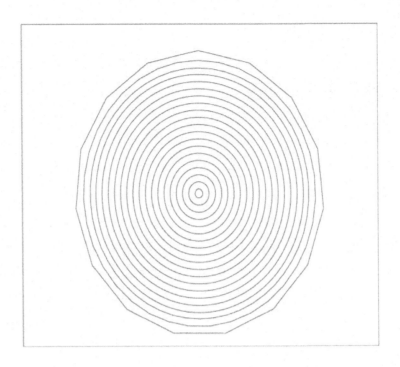

شكل رقم (11): باتساع الدائرة يتحول المنحى إلى قطع مستقيمة

إن الكون من وجهة نظر الأكوزي لامتناه الأبعاد، ويمكن اعتبار مركزه في أي مكان فيه (فكرة نسبية المركز)، ولا يمكن تحديد محيطه بمكان لأن مركز الكون ومحيطه هو الله الذي يوجد في كل مكان وفي لا مكان معاً (18).

تنبع أهمية نقولا الأكوزي أيضاً من قوله إن الأرض ليست في مركز الكون وإنها ليست ثابتة بل متحركة. فسبق بذلك كوبرنيق بنحو 150 عاماً؛ وإنْ كان أريستارخوس

Op. Cit. p. 161   (18)

(Aristarchus) قد تحدث عن مركزية الشمس في القرن الثالث قبل الميلاد، إنما ضمن إشكالية مختلفة.

كذلك اقترح الأكوزي فكرة أن المدارات التي تتبعها الكواكب ليست دائرية، كما اقترح البطروجي في القرن الثاني عشر، فسبق بذلك كبلر (Kepler) . ولكن الفرق بينهما هو أن بناء الأكوزي لهذه الفرضيات كان قائماً على أسس استدلالية لم يؤسس لها رياضياً استناداً إلى الرصد الفلكي المنظم على نحو ما استند كبلر إلى رصدات تايكو براهي الدنماركي، مثلاً، وذلك في صياغة قوانينه في حركة الكواكب (19).

لم تكن استدلالات نقولا الأكوزي ميتافيزيقية واستدلالية محضة، إنما استند إلى أعمال من سبقوه أيضاً. ففضلاً عن تأثره بأفلاطون وأفلوطين وبروكلوس (Proclus) ، فقد استمد بعض الأفكار من ديونيسيوس (Dionysius) وإكهارت (Eckhart) ، وكذلك من القديس أنسلم (Anslem) الذي قرن اللانهائي بالله، وأخذ عن ريمون لال (Ramon Lull) فكرة أن اللامتناه هو ربط البداية بالنهاية مروراً بما بينهما (20).

---

(19) أيّوب أبو ديّة، العلم والفلسفة الأوروبية الحديثة، ط1، بيروت: دار الفارابي، 2008، ص 111 - 115.

(20) J. A., Aertsen, 1992, "Ontology and Henology in Medieval Philosophy (Thomas Aquinas, Meister Eckhart and Berthold of Moosburg)", in E. P. Bos/P. Philosophy. A. Meijer (eds.). On Proclus and his Influence in Medieval Philosophy, (Philosophia

تأثر نقولا الأكوزي بإكهارت وقال إنه لم يلحظ في كتاباته دعواه بشأن تطابق الخالق والمخلوق من جهة العقل، ولكنه اقترح أن تمنع كتبه عن سواد الناس وعامتهم وتظل حكراً لخاصة الناس من الفلاسفة. وكأننا هنا أمام ابن رشد في قوله:

فإذا كان جائزاً للفقيه الذي يستخدم القياس الظني أن يؤول النصوص، فكم بالحري أن يفعل ذلك صاحب علم البرهان وهو الذي يمتلك القياس اليقيني!

أو ربما نقف أمام أحد الأئمة في قوله: الدين لعامة الناس أما الفلسفة فلخاصتها.

ولكن تأكيد الأكوزي على ضرورة قراءَة أعمال إكهارت تدل على اتفاقه معه على الكثير من الأمور، فقد امتدح حماسته وذكاءَه وشجاعته، كما تدل على انطلاقة روح التغيير في أوروبا التي جاءَت على لسان إكهارت في مطابقة حرية الإنسان بالحرية نفسها، كقوله: "إذا أمكن للإنسان أن يكون حراً فعلاً، فإنه يصبح كذلك متى غدا هو والحرية واحداً" (21).

= Antiqua. A Series of Studies on Ancient Philosophy, Bd. 53) Leiden/New York/Koln, 1992, pp. 120-140.

(21) R., Woods, 1990, "Meister Eckhart and the Neoplatonic Heritage, The Thinker's Way to God", in The Thomist 54, pp. 609-639.

وقد شكلت فكرة اللامتناه إلهاماً للفنانين أيضاً، وقد سخروها في أعمالهم الفنية، كما فعل رسامو عصر النهضة حينما سخروها في رسم لوحاتهم المجسمة للطبيعة والأشياء، كما فعل الرسام البندقي دانيال باربارو (Daniel Barbaro) في القرن السادس عشر، كما يتضح من الصورة في شكل (12)، حيث استخدم نقطة في أفق اللوحة يتبدى للناظر إليها أن الخطوط تنتهي إليها.

شكل رقم (12)

ويمكننا ملاحظة الرسم المنظوري واتجاه امتداد الخطوط إلى اللامتناه في لوحة دافنشي الشهيرة "العشاء الأخير"، كما يتضح من الصورة في شكل (13)، حيث تتجه زوايا القاعة التي يجلس فيها المسيح وتلاميذه صوب اللامتناه في الأفق البعيد المتخيل.

شكل رقم (13)

عام 1571 أعاد توماس ديجز (1543 - 1595) (Thomas Digges) نشر كتاب والده الموسوم (Pantometria) عن اختراع التلسكوب، ثم في عام 1572 رصد العلماء ظاهرة

السوبرنوفا الشهيرة، وهي ظاهرة انفجار شمسي ضخم، وكشفت عن أن النجوم في السماء ليست ثابتة وخالدة بل تولد شموس جديدة ثم تموت؛ الأمر الذي ربما فتح آفاق ديجز على فكرة العالم المفتوح على اللامتناه التي شرحها في كتاب عام 1576، بالرغم من أن ديجز أكد على لاتناه فلك النجوم وليس على تناه الكون، كما يرى بعض الباحثين اليوم (22).

إن إرهاصات التغيير في أوروبا كانت بادية للعيان من خلال هؤلاء الفلاسفة والعلماء والأدباء والفنانين الذين استجابوا للتغيرات الاجتماعية التي كانت سائدة آنذاك، وفي الوقت نفسه شكلوا إلهاماً لعلماء القرن السادس عشر والسابع عشر في الاكتشاف والاختراع، منهم من دفع حياته ثمناً لمعتقداته في الكون، كالراهب الإيطالي جوردانو برونو.

خلاصة الفصل الثالث

بدأت الترجمات من العربية إلى اللاتينية تغزو العالم الأوروبي نحو القرن الحادي عشر، وكان العلماء الحقيقيون

(22) (Miguel Granada, "Aristotle, Copernicus, Bruno: centrality, the principle of movement and the extension of the Universe", in Studies in History and philosophy of Science; sci. 35 (2004) p. 98, 103

يقرأون الكتب باللغة العربية مباشرة، كما فعل روجر بيكون وجيرار الكريموني وغيرهما.

وفي القرن الثالث عشر أيضاً شكك روجر بيكون في النظامين الأرسطي والبطلمي وتعديلاتهما، إذ اعتبر أنهما لا يعكسان أحوال الكون كما يتبدى بالملاحظة والرصد فضلاً عن أنهما لا ينسجمان مع العلم الرياضي. ثم أطلق فكرة أن العالم لامتناه. أعاد ليونار دو فيبوناشي في مطلع القرن الثالث عشر إحياء تراث الخوارزمي للقرن العاشر في الجبر واشتغال الخراجي في القرن الذي يليه بالمعادلات الجبرية المفتوحة على اللامتناه، وجعل لها قيماً محددة وواقعية؛ كما أعاد الفيلسوف الإسكوتلاندي دانز سكوتس في نهاية القرن الثالث عشر إحياء دراسة الهندسة المستوية في تصور اللامتناه، وافترض دائرتين مختلفتي القطر لهما مركز واحد لمناقشة هذه المسألة التي سيقوم غاليليو في القرن السابع عشر باستخدامها على نحو جديد لإثبات وجود الفراغ.

ربما كان الفيلسوف الألماني نقولا الأكوزي في النصف الأول من القرن الخامس عشر هو أهم من ناقش مسألة اللامتناه منطقياً وهندسياً، وتوصل بصورة منطقية إلى أن اللامتناه الحقيقي يفوق الوصف لأن وصفه يجعله متناهياً؛ كما توصل بطريقة هندسية إلى اللامتناه وذلك عبر تصور دائرة متسعة إلى ما لانهاية بحيث يُصبح منحنى محيط الدائرة

متطابقاً مع الخط المستقيم إذا امتدت في اتساعها إلى ما لانهاية. انتهى الأكوزي إلى أن الكون لا يحده فلك محيط، ففتح الباب على مصراعيه لقبول فكرة العالم اللامتناه. كما انتهى إلى فكرة أن مركز الكون ليس عند الأرض أو الشمس إنما يمكن أن يكون في أي مكان. وإذا أضفنا استدلالاته بأن مدارات الأفلاك ليست دائرية فإننا نستطيع القول إن المنظومة الكونية التي عرفها العالم لغاية القرن الخامس عشر قد باتت تلفظ أنفاسها الأخيرة وانفتحت بالتالي على اللامتناه.

الفصل الرابع

الثورة العلمية الكبرى

نسم الثورة التي حدثت في أوروبا في القرن السابع عشر تحديداً بالثورة العلمية الكبرى لأسباب موضوعية، نذكر منها:

1- إبداع برادايم جديد للمنهجية العلمية الحديثة يختلف عن المحاولات السابقة كلها في التاريخ.

2- وهي ثورة كبرى لأنها أسست لثورات لاحقة في فروع المعرفة كافة.

3- ثم هي مشروع متكامل، لم يقتصر على فرع محدد من الفتوحات كما كان الحال قبلها؛ بل فتح هنا واكتشاف جديد هناك، فالثورة العلمية الكبرى امتدت لتشمل فروع المعرفة كلها.

4- وهي ثورة كبرى لانديـاحها في العالم بسرعة لا مثيل لها في التاريخ، لأن أسسها كانت علمية متينة ولأن مشروعها كان ملائماً لطموحات عصرها وظروفه الاجتماعية والسياسية.

5- ولأن أفقها تجاوز أوروبا وعالمنا الأرضي ليشمل الكون برمته.

6- وأخيراً، فإنها أبدعت منهجية علمية لم تتوقف عند استشراف المستقبل بل راحت تبحث في تاريخ البشرية وتعيد

قراءَته من منظور جديد، فضلاً عن أنها غدت تبحث في العلل الطبيعية للكون منذ لحظة نشوئه.

وظل أنموذج بطلميوس مرجعاً لعلم الفلك لغاية القرن السابع عشر وكذلك ظلت فيزياء أرسطو. ولكن، سبقتها محاولات لعلم الهيئة العربي، من حيث اعتبار المكان لا متناهياً، وذلك كي يتم تجاوز كون أرسطو المحدود. فجعلوا المكان الممتد خارج فلك النجوم موطناً للنفوس الروحية بما ينسجم مع المعتقدات الدينية كما فعل دانتي في إيطاليا (راجع شكل رقم 9). ولكن المشكلة لم تحل تماماً، لا مع بطلميوس ولا مع علم الهيئة العربي الإسلامي، إذ لم يحقق أي منها فتحاً حقيقياً، وإنْ كان قد شكل إرهاصاً للعلم الحديث.

لم تفق أوروبا من صدمة انهيار روما في مطلع القرن الخامس إلا في القرن الثاني عشر، حيث ولد انتعاش ملحوظ للتجارة والثقافة، في فرنسا في البداية. وهذا دليل على أثر حروب الفرنج الأولى على الشرق، والتي كان جل أفرادها من "الفرانكس" سكان المناطق الواقعة شمال غرب فرنسا اليوم، وكانت تلك المناطق خاضعة للنفوذ الإنجليزي. وهؤلاء "الفرانكس" هم الذين أطلق العرب عليهم لقب الفرنج أو الفرنجة.

وكانت الترجمات تتم في سوريا كذلك، فخلال أوائل القرن الثالث عشر ترجم فيليب الطرابلسي كتاب "سر

الأسرار" إلى اللاتينية، وهو كتاب عربي مشهور أعطى روجر بيكون فكرة منهجه الذي استخدمه في سبر أغوار الطبيعة. وكانت هناك ترجمات عديدة في شمال أفريقيا أيضاً. وقد كنا قد بحثنا في ذلك خلال الفصل الثالث.

وخلال القرن الثالث عشر كان روجر بيكون يستشرف إمكانات العلم في الاختراع والاكتشاف، فحدثنا عن الآلات الضخمة التي ستمخر عباب المحيطات وتغزو العالم، على نحو شبيه بأعمال ليوناردو دافنشي في إيطاليا، وعلى نحو قريب من أعمال فرانسيس بيكون اللاحقة في نهاية القرن السادس عشر وبعدها، والتي عبرت عن طموحات الأوروبيين للتوسع عبر المحيط.

توصل عالم الفلك ورجل الدين البولندي - كوبرنيق (1543 - 1473) (Copernicus) إلى فكرة أن الشمس هي مركز العالم، وأن الأرض تتحرك حركتين في آن معاً، الأولى حركة دائرية حول نفسها تفسر تناوب الليل والنهار، والثانية حركة سنوية حول الشمس تنجم عنها الفصول الأربعة. كان البابليون والهنود والفراعنة والإغريق والعرب قد ناقشوا هذه المسائل من قبل، ومنهم من توصل إليها، ولكن ثورية أفكار كوبرنيق هددت أيديولوجيا الكنيسة، وبالتالي هددت وجودها ومنبع قوتها، الأمر الذي استدعى اتخاذ إجراءَات سريعة لوأدها في مهدها.

خوفاً من التعرّض للعقاب، بفعل اعتناق الكنيسة للفكر

الأرسطي الذي اعتبر أن الأرض تقع في مركز الكون وأن الشمس تدور في فلك دائري حولها، أهدى كوبرنيق كتابه للبابا في روما، أي لرئيس الكنيسة الكاثوليكية؛ ولم ينشر الكتاب إلا سنة وفاته، أي عام 1543.

أنزلت نظرية كوبرنيق الإنسان والأرض التي يعيش عليها من مكانتهما المقدسة، بوصف الأرض مركز العالم القديم ومن إبداع الخالق، إلى مجرد جرم سماوي يدور حول الشمس، حاله حال الكواكب الأخرى؛ الأمر الذي أقلق الكنيسة قلقاً كبيراً استدعى اتخاذ إجراءَات سريعة وحازمة، كتلك التي اتخذتها محاكم التفتيش مع برونو والتي أدت إلى حرقه حياً. ولكن، لماذا لم تقم ضجة كبيرة بفعل هذا الاكتشاف الكوبرنيقي؟

ربما لم تقم ضجة كبيرة إثر إعادة اكتشاف كوبرنيق لمركزية الشمس بسبب وجود مشكلات حقيقية أمام إثبات مركزية الأرض بالرصد. إذ لم يتمكن الراصدون من حل مشكلة ثبات النجوم في ظل دوران الأرض المستمر حول الشمس، فمن المفترض أنها إذا كانت فعلاً تدور فينبغي أن نلحظ تغيراً في مواقع النجوم. ولكن كوبرنيق أجاب عن هذه الإشكالية بقوله إنّ النجوم لابد أن تكون بعيدة جداً عن شمسنا، ولذلك لا تتغير مواقع النجوم مع دوران الأرض. وبالرغم من هذه المحاولة للإجابة فقد ظلت مشكلة عالقة في الأذهان لم ترضِ الكثيرين.

مشكلة أخرى واجهت نظرية كوبرنيق وهي أن افتراض دوران الأرض حول نفسها يستدعي عدم سقوط جسم من مكان عالٍ عمودياً تماماً تحت نقطة السقوط؛ لأنه خلال زمن سقوط الجسم تكون الأرض قد تحركت نتيجة دورانها حول محورها من جهة الغرب إلى الشرق؛ فينبغي، إذاً، أن يسقط الجسم في مكان آخر وليس تحت نقطة السقوط الابتدائية تماماً.

وقد شكلت هذه الإشكالية عقبة جديدة أمام اعتناق المذهب الكوبرنيقي، ولم يستطع العلماء الإجابة عن هذه التساؤلات إلى أن اكتشف غاليليو قانون القصور الذاتي وحركة الأجسام الأرضية (1).

لا يشك كثيرون اليوم أن أعمال كوبرنيق استلهمت التراث العالمي، كأعمال ابن الشاطر مثلاً، أو شكوك ابن الهيثم وروجر بيكون وغيرهما على نظام الكون البطلمي. ولا شك كذلك أن أعمال نقولا الأكوزي في القرن الخامس عشر كانت ملهمة لاكتشاف كوبرنيق، لأن الأكوزي نفى إمكانية وجود فلك محيط يحد الكون من الخارج، كما نفى أن تكون الأرض هي مركز الكون أيضاً، فيما لم يحدد مركزاً معيناً للكون، واعتبر أنه من الممكن أن يكون في أي مكان.

---

(1) أيّوب أبو ديّة، العلم والفلسفة الأوروبية الحديثة، ص 95 - 99.

وبذلك فإن أهمية كوبرنيق جاءَت بإحيائه نظرية أريستارخوس القديمة، أما أثر الأكوزي على برونو من حيث انفتاح العالم على اللامتناه، موضوع بحثنا ههنا، فقد كان كبيراً.

عام 1571 أعاد توماس ديجز (1595 - 1543) (Thomas Digges) نشر كتاب والده الموسوم (Pantometria) عن اختراع التلسكوب، ثم في عام 1572 رصد العلماء ظاهرة السوبرنوفا الشهيرة، وهي ظاهرة انفجار شمسي، وكشفت عن أن النجوم في السماء ليست ثابتة وخالدة بل تولد شموس جديدة؛ الأمر الذي فتح آفاق ديجز على فكرة العالم المفتوح على اللامتناه التي شرحها في كتاب عام 1576، بالرغم من أن ديجز أكد على لاتناه فلك النجوم وليس على تناه الكون، كما يرى بعض الباحثين اليوم (2).

حُرق العالم الإيطالي برونو عام 1600 بفعل سلطة الكنيسة الكاثوليكية التعسفية وجبروت محاكم التفتيش. ولكن الحدث أصبح إلهاماً للفكر الحر، فقد أعلن حرق برونو انتقال الفتوح العلمية إلى غرب أوروبا وشمالها الغربي؛ التي بدأت تزداد ثراءً بفعل اكتشاف أميركا عام 1492، وبفعل

---

(2) Miguel Granada, "Aristotle, Copernicus, Bruno: centrality, the principle of movement and the extension of the Universe", in Studies in History and philosophy of Science; sci. 35 (2004) p. 98, 103.

هيمنة إنجلترا على البحار بعد معركة الأرمادا الشهيرة عام 1588، حيث سادت البحرية الإنكليزية على البحار وحطمت النفوذ الإسباني الكاثوليكي إلى غير رجعة، وبفعل اشتداد نفوذ الملوك وتضاؤل سلطة الكهنوت المنشق (البروتستانتية) عن كنيسة روما الأم.

انتقلت الآداب والعلوم والفنون من إيطاليا إلى شمال أوروبا بصورة تدرجية نتيجة الاضطهاد، ففيما برع دانتي الإيطالي في الأدب ودافنشي في الاختراع والرياضيات والرسم، بتنا نرقب أعمالاً أدبية إبداعية لشكسبير واختراعات لروجر بيكون تظهر في إنجلترا، وفيما كنا نرقب أعمال غاليليو وتورشيللي العلمية في إيطاليا، بدأنا نرى أعمالاً إبداعية لإسحق نيوتن في إنجلترا وهويجنز في هولندا وكبلر في ألمانيا ونحو ذلك.

إن ظاهرة برونو العلمية، وبخاصة خياله العلمي الكوزمولوجي، أمر يستحق الإعجاب. لم يكن برونو عالماً في الفلك، فلم يكن عالماً بالمعنى الفني للكلمة في أي بحر من بحور المعرفة، بل كان زاهداً مفكراً، ولد في جنوب إيطاليا وتجول في أوروبا، حيث درس وعلّم لعدة سنوات في إنجلترا، ولكنه أمضى السنوات السبع الأخيرة من حياته مسجوناً في روما، ومات قبل عشر سنوات فقط من إصدار غاليليو (Galileo 1642 - 1564)) كتابه (Sidereus Nuncius) الذي صرح فيه عن اكتشافاته الفلكية؛ وبالرغم من بساطة

علم هذا الراهب فإنه تميز برؤية كونية تجاوزت ما ذهب إليه كوبرنيق، كما تجاوز الخوف من الموت بإصراره على التمسك بأفكاره.

ويمكننا القول إن برونو وديجز حاولا الكشف عن طبيعة الكون فلسفياً واعتبرا دور علم الفلك ثانوياً ومساعداً، على عكس محاولات كوبرنيق وتايكو براهي الدنماركي مثلاً، حيث غدا علم الفلك وسيلة أساسية لإثبات أو نفي النظريات الفلسفية لطبيعة الكون. ولذلك رفض برونو فكرة الكون والفساد في عالم النجوم بالرغم من ظهور النجم المنفجر عام 1572 واختفائه لاحقاً (3).

كان النموذج البطلمي المعدّل للكون هو النموذج السائد حتى منتصف القرن السادس عشر، وهو نموذج معدل للنموذج الأرسطي، ولكنهما اشتركا في فكرة أن مركز الكون هو الأرض ومحيطه فلك النجوم، أي أن الكون محدود، وأن الشمس تدور في مدار حول الأرض، وأن كافة المدارات دائرية الشكل، وهي فكرة مستمدة من الشكل الكروي الكامل في المنظومة الأرسطية وما قبلها (أفلاطونية فيثاغورية).

جاء برونو، الراهب الفذ، ولأول مرة في التاريخ (ربما باستثناء ابن الهيثم في العصور الوسيطة الذي استخدم المنهج

---

(3)   Op. Cit., pp.. 98, 106.

العلمي، علماً بأن البابليين ميزوا بين الكواكب والنجوم في فترة مبكرة ولكن من الصعب التكهن بما أرادوا من هذا التمييز) ليكشف أن النجوم التي يقال إنها ثابتة في قبة السماء هي شموس كشمسنا. هذا الحدس العلمي من دون الاستعانة بتلسكوب أو بمعرفة رياضية أو هندسية كبيرة، استطاع أن يكشف عن حقيقة مذهلة مازال الكثير من شبابنا الجامعي اليوم يندهشون عندما يسمعوا أن هناك شموساً غير شمسنا. فما بالك إذا قلنا لهم إن هناك شموساً أكبر من شمسنا بآلاف المرات؟

زاد برونو على اكتشافه هذا ما هو أهم وأروع، فقد دمج خياله العلمي بالتجربة، وتجاوز ما ذهب إليه نقولا الأكوزي في القرن الخامس عشر من أنه لا يحد الكون فلك محيط، إذ تخيل نفسه واقفاً على "الفلك المحيط المفترض" وهو يحمل قوساً وسهماً، وتساءَل:

إذا أطلقت سهمي بعكس اتجاه الأرض، فهل سيغادر السهم الكون، أم سوف يتسع الكون ليحتضن السهم؟

أي خيال علمي هي هذه الأفكار المختلطة بالحدس وإطلاق الفرضيات العلمية المضمخة بالتجربة والرغبة الفلسفية الجامحة لكشف أسرار الكون؟

أصبح الكون مفتوحاً على عالم لانهائي؛ فكرة ربما تكون قد بدأت مع أحمد الفرغاني في القرن التاسع للميلاد عندما تحدث عن الكون العظيم الاتساع، ومع البطروجي عندما

تحدث عن فلك بعيد يقع خلف الفلك المحيط، وذلك في القرن الثاني عشر، ثم نضجت مع نقولا الأكوزي عندما قرر في القرن الخامس عشر أن الكون غير محدود بفلك محيط على الإطلاق.

لم يقتصر انفتاح الكون على ما لانهاية، بل انفتح على عوالم لانهائية الأبعاد تسبح فيها الشموس وأجرامها. وهذه الأبعاد الهائلة عن الأرض هي التي تجعلنا لا نلحظ التغير في مواقع النجوم في قبة السماء. وبذلك يكون برونو قد حل هذه المشكلة التي برزت عندما طرح كوبرنيق نظريته في مركزية الشمس. ربما لذلك السبب كان الثمن الذي دفعه برونو أعظم من ذلك الذي دفعه كوبرنيق، فقضى حرقاً.

وقد استخدم كبلر (1630 - 1571) (Kepler) فكرة إمكانية اللانهاية (Potential Infinity) للوصول إلى قوانين حركة الكواكب، فالكواكب تدور حول الشمس في مدارات إهليلجية وليست دائرية وأن مسارات الكواكب تمسح مساحات متساوية في أزمنة متساوية وأن هناك علاقة تناسب طردية بين مربع الزمن الدوري للكوكب ومتوسط بعده عن الشمس مرفوع للقوة الثالثة. وقد قام كبلر بتقسيم مساحة الشكل الإهليلجي إلى عدد لامتناه من الصغيرة وحسب مساحتها واستطاع معرفة الحد الذي يصله مجموع المساحة عندما يقترب من اللامتناه.

جون نابيير (1617-1550) (Napier) رياضي إسكوتلاندي

اكتشف اللوغريثمات ليزود الرياضيات والعلم بأداة سارعت في حل المشكلات الرياضية، وبخاصة تلك المتعلقة بالعمليات الفلكية؛ فتسلحت العلوم بأدوات رياضية أكثر تطوراً لحل الحركات الكونية ودراسة العلائق التي تقوم فيما بينها.

باكتشاف اللوغريثمات نحو عام 1594 ووضع الجداول لها، تم تبسيط العمليات الحسابية، بخاصة عمليات الضرب، كتلك الحسابات الضرورية لعلم الفلك، كما وضع مساهمات مهمة في علم المثلثات الكروي (Spherical Trigonometry) ، فتم خفض عدد المعادلات الضرورية للتعبير عن بعض العلاقات من عشر معادلات إلى اثنتين؛ لقد سهّلت تلك الاكتشافات أعمال علماء الفلك في سبر أغوار الكون على نحو متسارع.

توفي الفنان الكبير مايكل أنجلو عام 1564؛ معلناً في العام نفسه ولادة عالم كبير هو غاليليو (Galileo) ، والذي صادف عام وفاته 1642 ولادة العالم الإنجليزي إسحق نيوتن؛ معلناً انتقال المراكز العلمية إلى غرب وشمال أوروبا؛ بعيداً عن البحر المتوسط الذي كانت تنشط فيه محاكم التفتيش في ظل حكم الكنيسة الكاثوليكية.

شرع غاليليو (1642 - 1564) (Galileo) الذي ولد في مدينة بيزا بإيطاليا في تعلم الرياضيات والهندسة قبل إتمام محاولته دراسة الطب. وما لبث أن ترك الجامعة قبل الحصول

على الشهادة لنقص تمويل بعثته، فذهب إلى فلورنسا وشرع في التدريس.

انطلق غاليليو لدراسة قوانين الحركة بدءَاً من نقد فيزياء أرسطو حول اختلاف سرعة سقوط الأجسام المختلفة في الوزن، وأثبت نظرياً عام 1604 أن الأجسام الساقطة سقوطاً حراً تخضع لقانون حركة التسارع المنتظم، كما وضع قانون حركة المقذوفات في قطوع مكافئة. وجاءَت هذه القوانين إستناداً إلى فكرة افتراض وجود الخلاء، وهي فكرة سمحت بالحركة المستمرة إلى ما لانهاية والتي شكلت جوهر قانون القصور الذاتي، قانون نيوتن الأول.

بدأت نتائج مراقبة غاليليو للسماء بالتلسكوب المطوّر تظهر تباعاً، فوصف سطح القمر المتعرج، وشاهد نجوم مجرة درب التبانة وحلقات كوكب زحل وأقمار المشتري الأربعة، وأطلق على إثنين اسميهما: سيديرا Sidera وميديسيا Medicea ، كما لاحظ بقعاً على سطح الشمس ولكنه لم يستطع تفسير هذه الظاهرة. ونشر اكتشافاته هذه عام 1610.

وهكذا أصبح لدينا أربعة أقمار للمشتري، وهي أجرام جديدة في منطقة الأفلاك، فازداد عدد الأفلاك التي حددها أرسطو، الأمر الذي جعل كون أرسطو عاجزاً عن تفسير ذلك، كما خلق مشكلة للفكر الديني حيث كان الرقم 7 رقماً مقدساً.

سارع غاليليو إلى الاتصال بأصحاب النفوذ في الكنيسة لتذكيرهم بمرونة النصوص الدينية ومجازيتها (كما كان يُعلِّم المذهب الرشدي) بحيث يمكنها أن تنسجم بالتأويل مع المكتشفات العلمية الحديثة التي غدت سمة العصر وينبغي التعامل معها، ولكن من غير جدوى، فلم تدرك الكنيسة ثورية النظريات العلمية الحديثة، وخافت أن تضعف تناقضات العلم مع الكتاب المقدس من قوة الكاثوليك في صراعهم مع البروتستانت آنذاك. فعمدوا في عام 1616 إلى اعتبار نظرية كوبرنيق خاطئة وحذرت غاليليو من مغبة اعتناق ذلك المذهب أو الدفاع عنه، وتم التحقيق معه وأُخذت عليه تعهدات سيتم استخدامها فيما بعد لمحاكمته.

خلال إقامته الجبرية في بيته ناقش غاليليو مسألة اللانهاية في كتابه الذي نشر عام 1638: "أطروحة حول علمين جديدين"، حيث درس مسألة دائرتين متداخلتين لهما مركز واحد، علماً بأن قطر الكبرى يساوي ضعف قطر الصغرى. وبما أن محيط الدائرة الكبرى، وفق معادلة المحيط $p\ D$ ، حيث $p = D\ \&\ 3.14$ هو قطر الدائرة)، يُساوي ضعف محيط الدائرة الصغرى، فإن الأشعة (جمع شعاع) الصادرة من المركز سوف تقسم كلاً من المحيطين إلى عدد متساوٍ من النقط اللامتناهية (أنظر الشكل رقم 14).

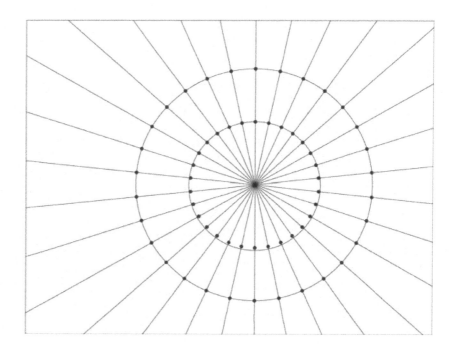

شكل رقم (14): النقط اللامتناهية عند محيط الدائرتين متباعدة التبسيط

لقد رأينا كيف اقترح دانز سكوتس في القرن الثالث عشر هذه الفكرة، كما يظهر في شكل رقم (14)، ولكن غاليليو توصل عبر دراسة هذه الإشكالية إلى نتائج مهمة للغاية. فقد اقترح غاليليو وجود عدد لامتناه من الفراغات المتناهية في الصغر كي يُصبح محيط الدائرة الأعظم أكبر لتتوافق مع عدد الأشعة الصادرة من المركز والمارة عبر محيط الدائرة الصغرى نحو محيط الدائرة الأكبر. وهكذا سخّر غاليليو الرياضيات والهندسة في التعامل مع مسألة اللامتناه.

واستطاع غاليليو أن يحدد اللامتناه بضربه مثل قطعة مستقيمة متناهية الطول ولكنها لامتناهية الأجزاء التي يمكن أن يتم ثنيها لتصبح محيطاً لدائرة محدودة المساحة يتكون محيطها من أعداد لامتناهية من أضلاع شكل هندسي منتظم (Polygon) ، وهي تجربة مماثلة لما قام بها نقولا الأكوزي، كما يبدو من الشكل 15 مجدداً.

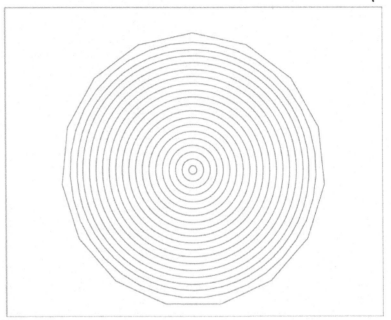

شكل رقم (15): باتساع الدائرة يتحول المنحنى إلى قطع مستقيمة

حاول غاليليو تجاوز إمكانية وجود اللامتناه بالقوة إلى وجوده في الواقع التي سعى إليها القبّالة بطريقة تصوفية كما

ذكرنا سابقاً. ولكنه توصل إلى تناقض عندما وضع متوالية عددية من أرقام صحيحة، تبدأ من 1، ثم وضع ما يقابلها بواسطة تربيع العدد، فأصبح لديه المجموعة الأولى التالية:

1، 2، 3، 4، ....

وتقابلها المجموعة الثانية:

1، 4، 9، 16، ......

فتوصل إلى نتيجة بديهية مفادها أن عدد المجموعة الأولى يساوي عدد المجموعة الثانية بالرغم من الاختلاف فيما بينهما، ولكن الإشكالية التي ظهرت في هذه المحاولة الرياضية هي غياب أعداد صحيحة في المجموعة الثانية (2، 3، 5، 6، 7، 8، ....)! وقد دفع هذا التناقض غاليليو للتفكر في كتابة أطروحة عن هذه الإشكالية، ولكنه لم يفعل. ولذلك رفض غاليليو فكرة أن مجموع الأرقام اللامتناهية لكل مجموعة متساوية، ولكنه أكد أنه يمكن تساوي مجموعة لامتناهية مع مجموعة أخرى هي جزء من المجموعة الأولى.

أدرك غاليليو إشكالية التعامل مع فكرة اللامتناه وتعقيداتها واعتبر أن التناقضات التي تبرز في سياق ذلك منبعها عقلنا المحدود الذي يعزي للامتناه خصائص المحدود والمتناه. وبناء على المثال الأخير فقد رفض غاليليو دعاوى القائلين أن الكميات اللامتناهية متساوية أو أنها مختلفة في المقدار.

وربما يكون القبّالة قد عبروا عن ذلك بقولهم إن صفات الله العشر هي جزء من الله، ولذلك حلوا مشكلة التناقض

في أن الله لامتناه وله عشر صفات فقط، لأن صفات الله يمكنها أن تكون جزءاً من اللامتناه. وقد حاول ديفيد هيلبرت حل الإشكالية بفكرة "الفندق اللامتناه".

حاول ديفيد هيلبرت (1943 - 1862) (David Hilbert) حل الإشكالية بطريقة أسماها "الفندق اللامتناه"، حيث افترض أن الفندق فيه عدد لامتناه من الغرف، وأن أحد الزوار حاول استئجار غرفة، فقيل له إن الغرف اللامتناهية في العدد كلها مشغولة. عندها، أصر الزبون على أنه طالما عدد الغرف لامتناه، فعلى صاحب الفندق أن ينقل النزيل في الغرفة رقم 1 إلى الغرفة رقم 2، وينقل نزيل غرفة رقم 2 إلى غرفة 3، وهكذا دواليك حتى يجد النزيل الأخير غرفة ينتقل إليها طالما أن عدد الغرف لامتناه. وبذلك تصبح الغرفة رقم 1 شاغرة للنزيل الجديد.

عام 1635 عندما كتب كافالييري (Cavalieri) عن الخطوط التي تحتوي على أعداد لامتناهية من النقط، وعن المساحة المحددة التي تتألف من خطوط لامتناهية. فيما ذهب روبرفال (Roberval) أبعد من ذلك بالحديث عن الخطوط التي تتألف من أعداد لامتناهية من أجزاء غير قابلة للقسمة. أما الكنيسة الكاثوليكية فمنعت الحديث عن هذه الأفكار عام 1649 (4).

---

(4) Op. Cit., pp. 98, 103, 104.

وسوف ينتظر العالـم ديكارت (1650 - 1596) (Descartes) وبيير دي فيرما (Pierre 1665 - 1601) (de Fermat) ليدمجا الحساب بالهندسة لتصبح هندسة تحليلية كي تسمح بالتعبير عن الأشكال الهندسية بمعادلات جبرية، والعكس. فباستخدام الإحداثيات الديكارتية أصبح تمثيل الدائرة التي يساوي نصف قطرها "أ"، وأي نقطة على محيطها هي ذات إحداثيات (ب، ج) ممكناً، كما يلي:

أ2 = ب2 + ج2

يُعتبر دي فيرما مكتشف القواعد الأساسية للهندسة التحليلية على نحو مستقل عن اكتشاف ديكارت لها؛ وعندما كتب إسحق نيوتن أعماله في التفاضل والتكامل اعترف أنه استمد أفكاره من طريقة دي فيرما في رسم المماسات (5). كذلك أسس دي فيرما نظرية الاحتمالات بالتعاون مع بليز باسكال (1662 - 1623) (Blaise Pascal). ولكن أهملت كتاباته عن النظرية حتى استخدمها برنولي (Bernoulli) في مطلع القرن الثامن عشر. كما اشتغل بالتجارب على الفراغ (6).

بليز باسكال، رياضي وفيلسوف فرنسي، نشر خلال حياته

---

(5) George Simmons, "Calculus Gems", in Mathematical Association of America. p.1998, ISBNO 883855615, 2007.

(6) Sean Michael Mahoney, The mathematical career of Pierre de Fermat, 1601-1665, Princeton University Press, 1994.

القصيرة أفكاراً في الدفاع عن المسيحية وساهم في مناقشات عصره العلمية واللاهوتية في فرنسا. كان والده رياضياً، إذ تعلم باسكال على والده وأساتذة آخرين الرياضيات واللغات الكلاسيكية في البيت نظراً لظروفه الصحية منذ طفولته، وقد فقد والدته وهو في الثالثة من عمره، وظل أغلب حياته يعاني من الألم.

كان واعداً في الرياضيات منذ صغره، وقد طوّر آلة حاسبة عام 1645 وشرع يجري التجارب باستخدام مقياس الضغط الجوي الزئبقي الذي أبدعه تورشيللي، وناقش مع ديكارت في باريس تداعيات اختراع تورشيللي.

وقبل أن ينشر كتابه بدأ مرحلة من التدين والدفاع عن العقيدة الكاثوليكية بتعصب، حيث افترض عدم جواز إخضاع كل شيء للعقل، فالإيمان مهم وإلا فإننا لن نؤمن بحقائق لا يمكن فهمها؛ حتى الإيمان بوجود الله لا يمكن أن يكون عقلانياً. وهو بذلك متأثر بالقديس أوغسطين.

ولا شك في أن أعمال ليبنتز في التفاضل والتكامل تأسست على أفكار حول اللامتناه في الصغر الذي كان يدرس لبعض الوقت. وسينتظر العالم اكتشاف ليبنتز ((Leibniz 1716 - 1646)) ونيوتن (1727 - 1642) (Newton) للتفاضل والتكامل، حيث تم اكتشافهما كل على حدة أيضاً، كما حدث مع ديكارت ودي فيرما في القرن السابع عشر عند اكتشاف قواعد الهندسة التحليلية التي ترتكز على ما حققه

ديكارت ودي فيرما، والتي من دونها لما استطاع نيوتن أن يصوغ قوانينه في الفيزياء الكلاسيكية وفي الجاذبية الكونية.

كان كون ديكارت ملاءً تاماً، لا وجود للفراغ فيه، لأن الضوء لا يسير في فراغ، كما ظن ديكارت، فهو بحاجة إلى وسط ما، مليء بمادة، والمادة تتأثر بالدفع مباشرة من دون أي قوى مؤثرة بعيدة. فلولا افتراض غاليليو وجود الخلاء لما استطاع التوصل إلى قوانين السقوط الحر وقانون القصور الذاتي القائم على فكرة الحركة إلى ما لانهاية.

اخترع تورشيللي (1608 - 1647) (Torricelli)، تلميذ غاليليو، مقياس الضغط الجوي عام 1654 وعندها أصبح إثبات مقاومة الهواء للأجسام الساقطة ممكناً، حيث غدا بالإمكان تفريغ الهواء من حيز محكم الإغلاق وإجراء تجارب لتثبيت أن سقوط ريشة وجسم ثقيل في الوقت نفسه سيؤدي إلى وصول الاثنين معاً إلى قاع الوعاء في الوقت نفسه أيضاً.

إن الفراغ أو الخلاء لم يعد مجرد وهم أو فرضية، بل غدا حقيقة واقعية تفرض نفسها على العلماء، وباتت فرضيات غاليليو صحيحة تماماً ولا مجال للشك فيها.

بدأ نيوتن يتدرج من المادة إلى الحركة إلى الضوء لبناء تصور للكون، مستعيناً باكتشاف روبرت بويل في المضخة الهوائية وإبداعه مفهوم الضغط Pressure لأول مرة. واستخدم مفهوم الضغط لتفسير حركة الضوء، فبدأت مفاهيم القوة Force والجاذبية Gravity تظهر في كتاباته لتفسير الحركات

الأرضية التي كانت شغله الشاغل. وقد استلزم ذلك أن يكون ديمقريطسي النزعة ويفترض وجود الخلاء لتحرك جزيئات المادة المتناهية في الصغر وغير القابلة للانقسام. استخدم نيوتن الحساب والجبر والهندسة المنفتح على فضاء لامتناه، وأعاد دراسة "العناصر" لإقليدس، وتعلم الاستدلال على خواص المثلثات والدوائر والخطوط المستقيمة والكرات، وذلك من خلال افتراضات أولية بسيطة وبواسطة تطوير ديكارت للهندسة ودمجها بالجبر. ومع استخدام الرموز الجبرية انفتح الباب أمام المعادلات الرياضية، لتحديد العلاقات بين كمية ما ومتغيرات.

اشتغل نيوتن بمعادلات الخط المستقيم، والسطح المستوي، ثم معادلات المنحنيات، وهكذا دواليك. غرق نيوتن في عالم الرياضيات والهندسة، متجاوزاً ديكارت، فشرع في بناء متواليات لامتناهية (Infinite Series) التي كان ديكارت قد ذكر أنه ينبغي علينا عدم الخوض في غمار اللامتناه اللامحدود لأنه من صفات الله. فالمتوالية لامتناهية لا يكون مجموعها لامتناه بالضرورة، إذ أن تضاؤل قيمة الأعداد تجعل من القيمة النهائية متناهية (7).

تمتع نيوتن بالاشتغال باللامتناه بينما هجره ديكارت لاعتقاده بأن فهم اللامتناه بمثابة تحديده وفهمه، وأهمل

---

(7) James Gleick, Isaac Newton, 1st edition, New York: Vintage
Books, 2003, p. 39.

التساؤلات التي كانت تطرح آنذاك بشأن العدد اللامتناه وإذا كان نصفه متناه أم لامتناه، أو إذا كان العدد اللامتناه فردياً أم زوجياً؟ أما نيوتن فطرق باب اللامتناه الأصغر كذلك، ذلك العدد الذي لا يصل إلى صفر أبداً، والذي يشكل أجزاء القطعة المستقيمة والمنحنيات وغيرها. وبهذين المفهومين معاً (اللامتناه في الصغر، واللامتناه في الكبر) استطاع نيوتن أن يبطل مشروعية تناقض زينون (8) وأن يؤسس لقوانين الحركة الضرورية والشاملة.

غامر نيوتن أيضاً بالبحث في اللامتناه الأصغر الذي لا يصل إلى الصفر، واكتشف أنه ضروري نتيجة تشكل الخطوط من نقاط لامتناهية في الصغر (ربما بتأثير من باسكال)، وأن حساب الطول أو المساحة يستدعي ذلك، وأن افتراض الحركة في هذه المسارات في لحظة ما تستدعي ذلك أيضاً، فاتضح عنده مفهوم معدل التغير في الزمن والسرعة وما إلى ذلك؛ فأصبح التسارع هو معدل تغير السرعة في الزمن، وغدت السرعة هي معدل تغير المسافة في الزمن؛ واتضحت كذلك معالم التفاضل والتكامل التي أمكن بواسطتها حساب المساحات الواقعة بين المنحنيات المعقدة، كالقطوع المكافئة والقطوع الناقصة والزائدة (9).

Op. Cit., pp. 45-47 (8)

Op. Cit., chapter 2, pp. 20-31. (9)

وفيما رفض بعض الفلاسفة الذين جاؤوا بعد نيوتن واقعية وجود اللامتناه بحجة أنه غير قابل للإدراك البشري (ديفيد هيوم في كتابه "أطروحة حول الطبيعة البشرية" عام 1739، وأما نويل كانط في كتابه "نقد العقل النظري" عام 1781)، هيّأ بعض الفلاسفة الآخرين أنفسهم لتعميم مفاهيم علمية مثل مفهوم اللامتناه، وتقريبها من فهم الناس العاديين، كما فعل جون لوك في إنجلترا.

اعتبر جون لوك (1632-1704) (John Locke)، الفيلسوف والطبيب الإنجليزي المشهور، أن وظيفته الفلسفية تتمثل في كنس النفايات الفكرية، العالقة في الأذهان والمعيقة لتقدم المعرفة العلمية، التي بدأ نيوتن يصوغها في نظام شبه متكامل. علل لوك، فلسفياً، كيف يمكن أن يتقبل العقل البشري فكرة اللامتناهي في مسائل متنوعة، كالمكان، والزمان، والعدد، ونحو ذلك. كما أخذ في تقريب الفكرة إلى الأذهان، فقد انتقد اعتقاد البعض السّائد أنهم يعرفون الآخرة (Eternity) ، ويؤمنون بها، فيما ظلوا يرفضون تملك فكرة المكان اللامتناهي! لذلك سعى إلى توضيح ذلك وترسيخ الأفكار العلمية الجديدة في الأذهان (10).

لقد رأى لوك أنّ السبب في ذلك يعود إلى أنّ سواد

---

(10) Locke, (J.), An Essay Concerning Human Understanding (1690), 3th Edition, London: William Tegg., 1864, p. 23.

الناس لا فكرة لديهم عن المادة اللامتناهية. فالمكان يمكن أن نتصوّره بمعزل عن المادة، أي أن وجود المادة ليس ضرورياً لوجود المكان، تماماً كما أن وجود الحركة، أو وجود الشمس، ليس ضرورياً لوجود الزمن. إذ أن الزمن يقاس بهذه الأشياء وحسب. وهو يقدم هنا نظريات نيوتن، ويعمّمها، بأسلوب فلسفي مُحْـكم.

أما الكاهن التشيكي بولزانو (1848 - 1781) (Bolzano) فقد اهتم بإشكالية اللامتناه وعاد إلى يودكسوس وإقليدس، وفي النهاية اكتشف تعبيراً رياضياً (اقتران) (Function) مستمراً بلا انقطاع ولكن غير قابل للتفاضل. وقد ناقش بولزانو التناقض الذي وصل إليه غاليليو حول إمكانية حصر أعداد المجموعات اللامتناهية من الأعداد الصحيحة، ثم ذهب أبعد من ذلك باستخدام مفهوم الاقتران بين مجموعة أولى لامتناهية وما يقابلها من مجموعة ثانية تقع بين عددين صحيحين (11)، مثل 1، 2 مثلاً (أي 1؛ 1،1؛ 1،2؛ .... لغاية ..... 2).

نُـشر كتاب بولزانو "تناقضات اللامتناه" عام 1850، أي بعد سنتين من وفاته. ومن المثير هنا أن بولزانو اعتكف على العمل الرياضي وفكرة اللامتناه بعد عداء الكنيسة له، فربما

(11) Amir, D. Aczel, The Mystery of the Aleph, 1st edition, New York : Pocket books, 2000, p. 58.

كانت ملاذاً فكرياً يلوذ به، على غرار غاليليو الذي اشتغل باللامتناه بعد فرض الإقامة الجبرية عليه.

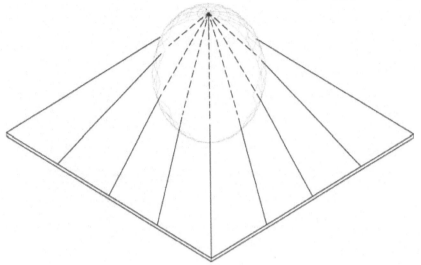

شكل رقم (16): كرة رينمان Rienmamu

أما برنارد رايمن (1866 - 1826) (Bernard Riemann) الذي أبدع في الهندسة وأخذ يتفكر من خلال اشتغاله بالهندسة في مسألة اللامتناه، فقد جعل من التكامل (Integral) علماً دقيقاً صارماً في الهندسة. اعتبر رايمن أن الخطوط الإقليدسية اللامتناهية في الفضاء يمكن اعتبارها غير مقيدة وفي الوقت نفسه محدودة (Finite) ، واكتشف عبر فكر "كرة ريمان" هذه الإمكانية وامتداد الخطوط اللامتناهية لتنتهي في نقطة اللانهاية الافتراضية. وهذه المجموعات اللامتناهية

شكلت نقطة البداية لدراسة اللانهاية من قبل جورج كانتور (George Cantor)
(1918 - 1945) (12).

إن هذا النجاح الهائل للأداة الرياضية المتمثلة في التفاضل والتكامل أثبت الوجود الحقيقي للأرقام اللاعقلانية، وتحديداً العدد اللامتناه الذي بدأ به الخراجي في القرن الحادي عشر ثم تبعه فيبرناتشي في مطلع القرن الثالث عشر والذي اشتغل عليه جورج كانتور (1918 - 1945) وغيره فيما بعد في المجموعات اللامتناهية، فغدا ذا قيمة حقيقية وواقعية لا مجال للشك فيها.

وفي الوقت نفسه بات العلم أكثر تخصصاً، لذلك وجدنا أنفسنا في هذا البحث نقف عند القرن السابع عشر لأن التعامل مع مسألة اللامتناه في الرياضيات وعلم الفلك غدت متخصصة جداً ومعقدة للغاية، كما برهن على ذلك ثيودور بورتر (Theodore Porter) على سبيل المثال، وبخاصة فيما يتعلق بالإنتاج العلمي منذ آينشتين (13). وعليه، فإننا نتساءَل عن مشروعية فلسفة العلم المعاصرة في معزل عن دراسة العلوم الدقيقة المعاصرة! فهل بإمكان الفلاسفة اليوم شعبنة العلم المعاصر، أي نشر العلم المعاصر بين الشعب، كما

---

(12)   Op. Cit, pp. 66 - 69.

(13)   Theodore Porter, "How Science Became Technical", in
History of Science Society, Isis 2009, 100: 292-309.

فعل جون لوك، مثلاً، عندما عمم نظريات نيوتن وهيّأ العقل البشري لاستيعاب العلوم الحديثة؟

فإذا استطاع العلماء إثبات واقعية المجموعات اللامتناهية، هل يعني ذلك أن العالم المادي لامتناه في الواقع؟

فهل هذا الكون لامتناه ولا محدود، أم أنه لامتناه في الواقع ومتناه في أذهاننا؟

إذا قلنا إن الأرض كرة ضخمة، فإن شمسنا أضخم منها بآلاف المرات. ثم نكتشف أن هناك شمساً في مجرتنا الموسومة "درب التبانة" اسمها أركتورس (Arcturus) هي في الواقع أكبر من شمسنا بمئات المرات، ثم نعود لنكتشف أنه ثمّة شمس أخرى اسمها أنتارس تكبر الشمس أركتورس بعشرات المرات، وأن الشمس أنتارس هي الشمس رقم 15 في السماء من حيث شدة الوهج، وهذه الشمس تبعد عنا نحو ألف سنة ضوئية، فما بالك بالأبعاد الخيالية للشموس الباقية. وهذا كله هو ما نستطيع رؤيته في الوقت الحالي، فكلما تطورت أدوات الرصد أصبح بإمكاننا الوصول إلى مدى أبعد.

وإذا قلنا إن مجرتنا (درب التبانة) تحتوي على 100،000 مليون شمس، فيخبرنا تلسكوب هبل (Hubble) أن هناك مجرات أكبر من مجرتنا بكثير وأنه فيما تولد شموس

بصورة مستمرة تنهار أخرى، وأن هناك بلايين المجرات في الكون المتسع.

ثم يخبرنا العلماء اليوم أن هناك عوالم متوازية، كل منها يحتوي على عدد لامتناه من المجرات. إلى هذا الحد أصبح مفهوم اللامتناه مفتوحاً على اللامتناه واللامحدود الذي يصعب تصوره. ولكننا بالرغم من ذلك نستطيع تصوره، أليس كذلك؟

هذا التساؤل ما زال مفتوحاً لاجتهاد العلماء والفلاسفة كليهما، فليس هناك اتفاق تام بشأنها بعد، فنظرية الانفجار الأول تطورت إلى نظريات كشفت عن إمكانية وجود زمن أسبق على لحظة الانفجار الأولى، ونظرية اتساع الكون تلتها توقعات لانجماد عظيم قادم للكون ربما يؤدي إلى توقف تمدد الكون، وبالتالي إلى تحديد الكون الذي كان يُظن أنه لامتناهياً (14).

وفيما يتعلق بالزمان والمكان في فيزياء الكم الحديثة، حيث يساوي المكان الأصغر الممكن (33-10) سم، والذي يسمى "طول بلانك" (Planck Length) ، وحيث الزمان الأصغر الممكن هو الوقت الذي يستغرقه الضوء لقطع هذا المكان، ويساوي (43-10) ثانية، فقد غدا "الزمكان"

---

(14)   Nino Cocchiarella, "Infinity in Ontology and Mind", in Axiomathes, 2008, pp 3,4.

محدوداً وغير قابل للانقسام إلى قيمة أصغر (15). فهل نـُصيب إذا أنهينا البحث بقولنا إن العلم المعاصر قد بات يؤكد أن مفهوم اللامتناه الذي أنتجه عقلنا المحدود والمتناه هو مجرد وهم؟

خلاصة الفصل الرابع

لم نلحظ قبل القرن الخامس عشر سوى محاولات فلسفية للتوسع خارج "الفلك المحيط"، أما على صعيد الرياضيات والهندسة فكانت المحاولات أكثر جدية في التعامل مع اللامتناه، وهي مغرقة في القدم تعود إلى الحضارة البابلية ومن قبلها السومرية وربما إلى حضارات أقدم من ذلك.

وقد توصلنا إلى أن ظاهرة برونو العلمية قد أعلنت ولادة الثورة العلمية الكبرى في مطلع القرن السابع عشر؛ مستمدة الوقود الثوري من الثورة الكوبرنيقية في القرن السادس عشر ومن أعمال مفكرين مثل نقولا الأركوزي في القرن الخامس عشر، ومدرسة مراغة ومدرسة كيرالا الهندية وأعمال العرب والمسلمين والإغريق وغيرهم.

ولكن، عندما وقف برونو بخياله عند الفلك المحيط وأطلق سهمه إلى خارجه، أعلن عن انفتاح العالم على اللامتناه، كما أعلن في الوقت نفسه عن ولادة منهجية علمية

---

(15) Op. Cit., p. 4

صارمة تفجرت مع غاليليو وأنجبت قوانين السقوط الحر للأجسام التي قامت على افتراض وجود الخلاء، وكانت ضرورية لبناء قانون القصور الذاتي الذي فسّر انسجام المشاهدات في الطبيعة؛ بالرغم من دوران الأرض حول نفسها وحول الشمس. فالخلاء غدا منسجماً مع قوانينه وضرورياً لها، أصبحت الحركة تستمر إلى ما لا نهاية في الخلاء وبسرعة منتظمة؛ إذاً لم تؤثر عليها قوة تغير من مسارها أو تحدث تباطوءاً أو تسارعاً فيها؛ وهو قانون نيوتن الأول.

كان جوهر فيزياء غاليليو مفهوم القصور الذاتي. إذ بين غاليليو أن حالة السكون لا تختلف، من حيث الجوهر، عن حالة الحركة بسرعة منتظمة. وعلى هذا الأساس اكتشف غاليليو قوانين السقوط الحر، وأثبت بطلان قانون أرسطو، وأثبت أن القذائف تتحرك في قطوع مكافئة (Parabolas) ، إذا أهملنا مقاومة الهواء. وجاء ذلك تأكيداً لمبدأ القصور الذاتي.

وبهذه الطريقة برّر غاليليو حركة الأرض حول نفسها، وحول الشمس، وانسجامها مع المشاهدات الطبيعية من حولنا؛ إذ لا يمكننا تفسير دوران الأرض حول الشمس، وثبات المشاهدات الطبيعية من حولنا، بمعزل عن قانون القصور الذاتي. فمن دون فعاليّة قانون القصور الذاتي ودقّـته، نتوقّع نتيجة قذفنا كرة عموديّاً إلى أعلى، أن تسقط بعيداً عن موقع القذف، وذلك بفعل دوراننا مع الأرض بسرعة عظيمة.

كذلك استخدم كبلر (Kepler) فكرة إمكانية اللانهاية للوصول إلى قوانين حركة الكواكب، إذ كان من الصعب الوصول إلى حساب مساحات المسارات الإهليلجية من دون فكرة اللامتناه، ولم يكن بالإمكان إصدار قانونه المتمثل في أن مسارات الكواكب حول الشمس تمسح مساحات متساوية في أزمنة متساوية.

تزامنت هذه الاكتشافات مع أعمال رينيه ديكارت وبيير دي فيرما في دمج الحساب بالهندسة لتصبح هندسة تحليلية قادرة على التعبير عن الأشكال الهندسية بمعادلات جبرية، وقد اعترف نيوتن فيما بعد بأنه استمد أفكاره من دي فيرما في رسم المماسات وهو يشتغل على التفاضل والتكامل الذي اكتشفه أيضاً ليبنتز على حدة، واستند بصورة أساسية إلى أفكار حول اللامتناه في الصغر.

اقتحم نيوتن عالم اللامتناه الذي هجره ديكارت لخوفه من عواقبه بوصف اللامتناه من صفات الله، كما اقتحم عالم اللامتناه في الصغر الذي لا يصل إلى الصفر، فاتضحت مفاهيم السرعة والتسارع والتي من دونها كان الوصول إلى قانون نيوتن في الحركة غير ممكن، وهي القوانين ذاتها التي يقوم عليها العلم اليوم والتي من دونها لن يكون بإمكاننا إقامة المنشآت أو تصميم المركبات أو الخروج من الأرض لاستكشاف الفضاء.

الخاتمة

وجدنا في هذه الدراسة أن فكرة "اللامتناه" قد شكلت موضوعاً إشكالياً مثيراً للعديد من العلوم، كالرياضيات والهندسة والفيزياء والفلسفة والفلك، وأن الفكرة ما زالت اليوم الشغل الشاغل للكثيرين في ميادين العلم المختلفة.

وقد أنجزنا هذا الكتاب عبر مرحلة تاريخية طويلة من تطور فكرة اللامتناه في العقل البشري منذ بضعة آلاف من السنين، بدأناها مع السومريين في بلاد ما بين النهرين منذ الألفية الرابعة قبل الميلاد، أي قبل نحو خمسة آلاف سنة، وتوقفنا عند القرن السابع عشر حيث تم تسخير مفهوم اللامتناه في صياغة القوانين العلمية الضرورية لفهم العالم، وأضفنا بعض الإرشادات البسيطة إلى التطورات التي حصلت في فهم اللامتناه في القرون اللاحقة حيث غدا التعامل مع المفهوم في غاية التخصص رياضياً، حيث آثرنا الإشارة السريعة إلى بعض الإنجازات وحسب. وفي النهاية وجدنا أنه ما زالت فكرة لاتناه الكون تحيرنا حتى يومنا هذا، فهل سبب ذلك أن عقل البشر محدود؟

ولكن، إذا كان عقلنا محدوداً، كيف يمكن أن نُحلّق به في أجواء اللامتناه؟

وماذا سيحدث للامتناه عندما نسلب منه أو نضيف إليه كمية ما أو عدداً ما؟

وماذا سيحدث للامتناه عندما نضع له تعريفاً محدداً؟

وعند أي حد يقف اللامتناه في الكبر؟

وأين يقف اللامتناه في الصغر؟

وهي أسئلة لم تتم الإجابة عنها تماماً بعد!

ولكننا توصلنا إلى أن ما نراه في الكون مفتوح على اللامتناه، من حيث أعداد الكواكب والنجوم والمجرات، في حين يخبرنا العلم أن هناك حدوداً للمكان والزمان، كطول بلانك، مثلاً، وزمان بلانك كذلك، فهل نقول إن الكون لامتناه في الكبر طالما أن هناك نظريات بدأت تتحدث عن توقف توسع الكون. وهل نقول إن الكون متناه في الصغر طالما أن هناك حداً أدنى يستطيع الكون أن يعود إليه ليعاود تمدده مرة أخرى؟

لا شك في أن العلم قد قطع أشواطاً عظيمة في الماضي، ولا ريب أن الإنتاج العلمي يتعاظم بوتيرة أسية بمرور الوقت، فما يُنجزه العالم اليوم في عقد من الزمن يعادل ما كان ينتجه العالم سابقاً في قرن من الزمان، أو ربما أكثر. وسوف ينجز العالم في المستقبل إنجازاً مكافئاً للعقد الأخير ربما خلال سنتين، وهكذا دواليك.

وقد حفزنا هذا البحث إلى أن نتساءَل حول أهمية التنقيب الأركيولوجي في تاريخ العلم:

هل كان بإمكان أوروبا التوصل إلى ما وصلت إليه لولا عودتها إلى تاريخ العلم السابق عليها بآلاف السنين؟

ويولد سؤال جديد من رحم التساؤل الأخير:

هل ما زالت ضرورة للعلم اليوم تستدعيه أن يتوغل في الماضي كي يؤسس لما هو جديد؟

لن نجيب عن هذه التساؤلات الآن لأنها بحاجة إلى دراسة أوسع لم نستوف شروطها بعد، ولكننا نعتبر أن هذا الكتاب كان محاولة لإبراز أهمية دراسة تاريخ العلم في الإنتاج المعرفي وأيضاً في التقارب بين الثقافات والحضارات المختلفة التي عملت معاً لإنجاز ما استطاعت أن تصل إليه الحضارة العالمية المعاصرة.

مازال أمامنا الكثير لنتعلم من كتاب الطبيعة، ويبدو أننا اليوم على أعتاب مرحلة جديدة وفريدة من التطور، فإذا لم ينطلق العقل العربي من قمقمه المعاصر مغامراً صوب اللامتناه في الصغر لدراسة المادة، ومغامراً صوب اللامتناه في الكبر لدراسة الكون، فإنه سوف يظل متخلفاً عن الركب إلى ما لانهاية!....

جدول تاريخي لتطور فكرة اللامتناه

610 - 546	أنكسمندر	الأبيرون اللامحدود (المادة الأولية للكون)
569 - 500	فيثاغورس	نظرية الأعداد وإشكالية الأعداد اللاعقلانية.
500 - 428	أنكساغوراس	جذور نظرية ديمقريطس - (Mind) العقل هو الذي نظم الفوضى الأولى انهيار الحضارة الأيونية. الشمس والكواكب أجرام مادية ملتهبة من طبيعة الأرض
480	بارمنيدس	تفكير ميتافيزيقي / فيلسوف الثبات.
490 - 430	زينون	فكرة القسمة إلى ما لانهاية.
القرن الرابع	أفلاطون	الهندسة وسيلة للوصول إلى ما لانهاية.
	ديمقريطس (ت 361ق.م)	أعداد لامتناهية من الذرات التي لا تقبل القسمة إلى ما لانهاية.
408 - 355	يودكسوس	حساب مساحات الأجسام المنحنية بتقسيمها إلى مستطيلات.
384 - 322	أرسطو	الوجود المتناه وجود بالفعل واللامتناه وجود بالقوة.
ق 3	إقليدس (ت275 ق. م)	الخطوط المتوازية والهندسية المستوية انفتحت على الفضاء اللامتناه.
ق 3	أبيقور (ت270 ق. م)	القمر يدور حول الأرض إحياء نظرية ديمقريطس.
ق 3	أريستارخوس (ت230 ق. م)	النجوم بعيدة جداً. الشمس في مركز الكون.

ق 3	أرخميدس / صقلي تعلم في الإسكندرية (ت 212 ق م)	المجموعات اللامتناهية متساوية واقعية اللامتناه
ق 1 ق م	لوكريتوس (ت 50 ق م)	تحدي الخوف من الجحيم الأزلي العالم لامتناه / عوالم جديدة ممكنة
بعد الميلاد		
ق 2	بطلميوس	تطوير كون أرسطو
ق 3	أفلوطين	الله هو اللامتناه
ق 4	أوغسطين	مجموع الأعداد اللامتناهية يعلمها الله
ق 5	هيبيشيا / الإسكندرية	رياضية وفيلسوفة قتلها الصراع المسيحي الوثني
ق 6	يوحنا النحوي / الإسكندرية	الكون المحدود لا يمكن أن يستمر إلى الأبد
ق 9	الكندي	تناه الجرم والزمان والحركة
ق 9	أحمد الفرغاني	الكون العظيم الاتساع
ق 10 - 11	مدرسة غاؤون اليهودية	الأندلس / إحياء تراث أكيفا والنور اللامتناه والاشتغال بالأعداد
ت 1040 ق 11	ابن الهيثم	التمييز بين الكواكب والنجوم (تولد النجوم توهجها الخاص ولكنها صغيرة الحجم)
ق 11	الخراجي	واقعية العدد اللامتناه رياضياً (فسبق بذلك علماء عصر النهضة)
ق 11	ابن سينا	رفض الخلاء بحجة المشاهدة

ق 12	البطروجي	اقترح فلكاً جديداً خلف الفلك المحيط مسارات لولبية للأفلاك
ق 13	توما الأكويني	أرسطي / اللامتناه موجود ميتافيزيقياً - الله
ق 13	العرضي	رفض لاتناه الكون بحجج نابعة من الرصد، وهذا دليل على أن هذه القضية كانت خاضعة للمناقشة الأرض كالنقطة عند الفلك الأعلى
ق 13	فيبوناشي	اختزل المعادلات الجبرية التي تتعامل مع اللامتناه الأكبر إلى مقادير محددة
ق 13	روجر بيكون	شكك في النظامين الأرسطي والبطلمي لأنهما لا يعكسان حال الكون ولا ينسجمان مع العلم الرياضي العالم لامتناه
ق 15	نقولا الأكوزي	ما هو اللامتناه؟ منطقياً وهندسياً لا يمكن أن يحد الكون فلك محيط مركز الكون يمكن أن يكون في أي مكان مدارات الأفلاك ليست دائرية
ق 16	برونو	النجوم شموس، عوالم كثر، عالم لانهائي
ت 1630	كبلر	حساب مساحات مسارات الكواكب الإهليلجية حول الشمس استدعى التعامل مع اللامتناه في الصغر غاليليو
ق 17 ت 1642	غاليليو	السرعة اللامتناهية في الخلاء / قانون القصور الذاتي / قوانين السقوط الحر
1650	ديكارت	دمج الحساب بالهندسة / هندسة تحليلية تعبر عن الأشكال جبرياً

ت 1704	لوك	تعميم فكرة اللامتناه.
ت 1716	ليبنتز	التفاضل والتكامل يعتمد على فكرة اللامتناه.
ت 1727	نيوتن	قانون القصور الذاتي السرعة، التسارع التفاضل والتكامل الذي اعتمد على فكرة اللامتناه.
1866	ريمان	أصبح التكامل علماً. كرة ريمان وفكرة اللامتناه المتحقق واقعياً.

المصادر والمراجع العربية

1-ابن رشد، كتاب السماع الطبيعي؛ تحقيق وتعليق جوزيف بويخ، لاط، إسبانيا: المعهد الإسباني العربي للثقافة، 1983.

2-(أبو ديّة) أيّوب، حروب الفرنج... حروب لا صليبية، طبعة مزيدة ومنقحة، ط2، بيروت: دار الفارابي، 2008.

3-(أبو ديّة) أيّوب، تنمية التخلف العربي، ط1، بيروت: دار الفارابي، 2004.

4-(أبو ديّة) أيّوب، "هل ثمّة فلسفة عربية حديثة؟"، في مجلة الفكر العربي المعاصر، 2007، العدد 140 - 141، ص ص: 124-134.

5-(أبو ديّة) أيّوب، العلم والفلسفة الأوروبية الحديثة، ط1، بيروت: دار الفارابي، 2009.

6-(أحمد) قيس هادي، نظريّة العلم عند فرانسيس بيكون، [ط1]، بغداد: مطبعة المعارف، 1980.

7-(إسلام) عزمي، جون لوك، لاط.، القاهرة: دار الثّقافة، لات.

8-(الألوسي) حسام يحيى الدين، فلسفة الكندي، ط1، بيروت: دار الطليعة، 1985.

9-(إمام) إمام عبد الفتّاح، توماس هوبز فيلسوف العقلانيّة، ط1، بيروت: دار التّنوير للطّباعة والنّشر، 1985.

10-(أمين) سمير، التراكم على الصعيد العالمي: نقد نظرية التخلف، ترجمة حسن قبيسي، الطبعة (بلا)، بيروت: دار ابن خلدون، 1970.

11-(بدوي) عبد الرحمن، الموسوعة الفلسفية، ط1، بيروت: المؤسسة العربية للدراسات والنشر، 1984، مجلدان.

12-(بدوي) عبد الرحمن، مدخل جديد إلى الفلسفة، ط2، الكويت: وكالة المطبوعات، 1979.

13-(بدوي) عبد الرحمن، فلسفة العصور الوسطى، ط3، الكويت - بيروت: وكالة المطبوعات، دار القلم، 1979.

14-(برهييه) إميل، تاريخ الفلسفة: الفلسفة اليونانيّة، ط2، بيروت: دار الطليعة، 1987، ج1 .

15-(برنان) جون، العلم في التاريخ؛ ترجمة شكري سعد،

ط1، بيروت: المؤسسة العربية للدراسات والنشر، 1982، المجلد الثاني.

16-البطروجي، كتاب في الهيئة؛ بالعربية والعبرية، ط1، مطبعة جامعة ييل الأمريكية، 1971، الجزء الثاني.

17-(ابن الهيثم) الحسن، شكوك على بطلميوس؛ تحقيق عبد الحميد صبره ونبيل الشهابي، وتصدير إبراهيم مدكور، ط1، القاهرة: مطبعة دار الكتب، 1971.

18-(بورا) س.، التّجربة اليونانيّة؛ ترجمة أحمد السّيّد، لاط.، القاهرة: الهيئة المصريّة العامّة للكتاب، 1989.

19-(تيزيني) طيب، من اللاهوت المسيحي إلى الفلسفة العربية الوسيطة، ط1، دمشق: دار الفارابي، 2008.

20-ليبنتز (ج. ف.) ، أبحاث جديدة في الفهم الإنساني، لاط، المغرب: دار الثقافة للنشر والتوزيع، لات.

21- (جبير) محمّد بن، رحلة ابن جبير؛ تقديم حسين نصار، طبعة خاصة، دمشق: دار المدى، 2004.

22-(حنفي) حسن، نصوص من الفلسفة المسيحية في العصر الوسيط، ط1، بيروت: دار التنوير، 2008.

23-(الخطابي) إبراهيم محمّد، فضاء الزمان في فكر ابن رشد، ط1، الرباط: المعارف الجديدة، 1998.

24-ديكارت، التأملات، في الفلسفة الأولى؛ ترجمة وتقديم عثمان أمين، القاهرة: مكتبة الأنجلو مصرية، لات.

25-(زابوروف) ميخائيل، الصليبيون في الشرق، لاط، موسكو: دار التقدم، 1986، ص228.

26-(زيدان) محمود، نظرية المعرفة، ط1، بيروت: دار النهضة العربية، 1989.

27-(سارتون) جورج، تاريخ العلم/ بإشراف إبراهيم مدكور وغيره؛ ترجمة جورج حدّاد وغيره، ط3، نيويورك: دار المعارف، 1978، ج2 .

28-(سميث) جوناثان، ما الحروب الصليبية؛ ترجمة محمد الشاعر، ط1، القاهرة: دار الأمين، 1999.

29-(الشاروني) حبيب، فلسفة فرانسيس بيكون، ط1، بيروت: دار التنوير، 2005.

30-(شوفالييه) جان جاك، تاريخ الفكر السّياسي: من المدينة الدّولة إلى الدولة القوميّة؛ ترجمة محمّد عرب صاصيلا، ط2، بيروت: المؤسّسة الجامعيّة للدّراسات والنشر والتّوزيع، 1993.

31-(عبد الغني) مصطفى لبيب، الكيمياء عند العرب؛ تقديم د. مصطفى شفيق، ط3، القاهرة: مكتبة الأنجلو مصرية، 1985.

32-(العرضي) مؤيد الدين، كتاب الهيئة؛ تحقيق وتقديم جورج صليبا، ط1، بيروت: مركز دراسات الوحدة العربية، 1990.

33-(العريني) السيّد الباز، المغول، ط1، بيروت: دار النهضة العربية، 1986، ص 234 - 236.

34-(العظم) صادق جلال، دفاعاً عن المادّيّة والتّاريخ، ط 1، بيروت: دار الفكر الجديد، 1990.

35-(عطيتو) حربي عبّاس، ملامح الفكر الفلسفي عند اليونان، لاط.، الإسكندرية: دار المعرفة الجامعية، 1992.

36-(علي) ماهر عبد القادر محمّد، مشكلات الفلسفة، بيروت: دار النهضة العربية، 1985.

37-(غصيب) هشام، الأعمال الكاملة، ط1، عمّان: دار ورد، 2007، 5 مجلدات.

38-(غولدشتاين) توماس، المقدمات التاريخية للعلم الحديث؛ ترجمة أحمد عبد الواحد، ط1، الكويت: عالم المعرفة، 2003.

39-(الفرغاني) أحمد، جوامع علم النجوم وأصول الحركات السماوية؛ نشره وترجمه إلى اللاتينية يعقوب جوليوس، إعادة طبع طبعة أمستردام 1669، فرانكفورت: معهد تاريخ العلوم العربية والإسلامية، 1986.

40-الكتاب المقدّس: العهد القديم، لاط.، بيروت: دار المشرق، 1986، مجلّدان.

41-كلية آداب جامعة دمشق، تاريخ الفلسفة الحديثة، دمشق: مطبعة رياض الريس، 1983.

42- (محفوظ) زكي نجيب، ديفيد هيوم، لاط، مصر: دار المعارف، 1958.

43-(محمود) زكي نجيب و(أمين) أحمد، قصة الفلسفة الحديثة، ط6، مكتبة النهضة المصرية، 1983.

44-(مدكور) إبراهيم، في الفلسفة الإسلامية، [ط1]، القاهرة: دار إحياء الكتب العربية، 1947.

45-(مدين) محمّد محمّد، فلسفة هيوم الأخلاقية، ط1، بيروت: دار التنوير، 2009.

46-(مروّة) حسين، النزعات الماديّة في الفلسفة العربيّة الإسلاميّة، ط4، بيروت: دار الفارابي، 1981، جزءان.

49- موسوعة العلوم الإسلامية والعلماء المسلمين، لاط، القاهرة: دار مطابع المستقبل، لات.

50-(هونكه) زيغريد، شمس العرب تسطع على الغرب، ط8، بيروت: دار الآفاق الجديدة، 1986.

51-(يوسف) جوزيف نسيم، نشأة الجامعات في العصور الوسطى، ط3، الإسكندرية: مؤسسة شباب الجامعة، 1984.

المصادر والمراجع الإنجليزية

1- (Aczel) Amir D., The Mystery of the Aleph, 1st edition, New York: Pocket books, 2000.

2- (Aquinas) Thomas, Summa Theologica, Translated by The Fathers of the English Dominican Province, www.Gutenberg.org (Oct. 2009).

3- (Berkeley) G., Three Dialogues between Hylas and Philonus, Edited and introduced by R. M. Adams, 1st edition, U.S.A: Hackett publishing company, 1979.

4- (Baron) Margaret E., The Origins of Infinitesimal Calculus; U.S.A, 2004.

5- (Berryman) Sylvia, 'Democritus and the explanatory power of the void,' in V. Caston and D. Graham (eds.), Presocratic Philosophy: Essays in Honour of Alexander Mourelatos, London, 2002.

6- (Burnet) J., Greek Philosophy, No Edition, London: Macmillan & Co. Ltd., 1914. Part I.

7- (Burnett) C., (Yamamoto) K. & (Yano) M., ABUMASAR, 1st edition The Netherlands: E.J. Brill, 1994.

8- (Cajori) F. "Origin of the name mathematical Induction", in American Math. Monthly (1918): 25, p. 197-201.

9- (Cartledge) Paul, The Great Philosophers: Democritus, London, 1997.

10- (Casey) John, The First Six Books of the Elements of Euclid, Dublin: Ponsonby & Weldrick, 1885; Released as E book #21076, 14 April, 2007.

11- (Cocchiarella) Nino, "Infinity in Ontology and Mind", in Axiomathes, 2008.

12- (Collinson) D. & (Plant) K., Fifty Major Philosophers, second edition, London: Routledge Books, 2006=.

13- (Cottingham) J.G., Descartes, London: Routledge, 1999.

14- Covenant Worldwide - Ancient & Medieval Church History. www.

15- (D'Amore) B. & (Gagatsis) A., (Eds.), Didactics of Mathematics- Technology in Education (1997). in Erasmus ICP-96-G-2011/11, Thessaloniki.

16- (Dimitri) Gutas, The study of Arabic Philosophy in The Twentieth Century, British Journal of Middle Eastern Studies (2002), 29 1).

17- (Dobb) Maurice, Studies in the Development of Capitalism, [8th. Edition], London: Routledge & Kegan Paul Ltd., 1963.

18- (Dunlop) D.M., Arabic Science in the West, 1st Edition, Karachi: Pakistan Historical Society, 1958.

19- Encyclopedic Britannica, 15th Edition, 1973-1974.

20- (Farrington) Benjamin, FRANCIS BACON: Philoso-

pher of Industrial Science, 2nd. Edition, London: Lawrence and
Wishart Ltd., 1951.

21- (Farrington) Benjamin, The Philosophy of FRANCIS BACON,
2nd. Edition, U.S.A: Phoenix, 1966.

22- (Franklin) Allan, "Principle of Inertia in the Middle Ages", In
American Journal of Physics - vol, 44 No. 6, June 1976.

23- (Gleick) James, Isaac Newton, 1st edition, New York: Vintage
Books, 2003.

24- (Goldstein) Bernard R., Al- Bitruji: on the principles of
Astronomy, 1st edition, U.S.A: Yale University, 1971, Volume 1.

25- (Granada) Miguel, "Aristotle, Copernicus, Bruno: centrality, the
principle of movement and the extension of the Universe", in studies
in History and philosophy of Science; sci. 35 (2004).

26- (Guthrie) W.K.C., In the Beginning, 1st Edition London: Methuen
& Co. Ltd., 1957.

27- (Guthrie) W.K.C., The Greek Philosophers, 1st Edition, London:
Methuen & Co. Ltd., 1950.

28- (Hakim) said, Ibn Al-Haitham; in proceedings of the 1000th
anniversary conference; Hamdard National Foundation , Pakistan, 1-
10 Nov. 1969.

29- (Hall) A.R & (Hall) M.B, A Brief History of Science, 1st Edition,
New York: Signet Books, 1964.

30- (Heath) Sir Thomas, Aristarchus of Samos, the

ancient Copernicus; London: Oxford University press, 1913
(www.archive.org/details/aristarchusofsamooheatuoft). Visited July
2009.

31-) Hobbes) Thomas, Leviathan; Introduced by J. Plamenatz, 9th.
Edition, Glasgow: William Collins Sons & Co. Ltd., 1978.

32-) Hume) D., A treatise of human nature, Books I and II (1739) and
Book III (1740), ed. L. A. Selby-Bigge, revised P.H. Nidditch, Oxford:
Oxford University Press, 1902, 1975, 1978.

33-) J. A.) Aertsen, , 1992, "Ontology and Henology in Medieval
Philosophy (Thomas Aquinas, Master Eckhart and Berthold of
Moosburg)", in E. P. Bos/P. Philosophy. A. Meijer (eds.). On Proclus
and his Influence in Medieval Philosophy, (Philosophia Antiqua. A
Series of Studies on Ancient Philosophy, Bd. 53) Leiden/New
York/Koln, 1992.

34-) Kennedy) E. S., Studies in the Islamic Exact Sciences, 1st ed.,
Beirut: AUB, 1983.

35- (Kline) Morris, Mathematical Thought from Ancient Modern
Times, Oxford University Pren, 1972.

36-) Lamb) Harold, The Crusaders, 1st ed London: Eyre & Spott, 1999.

37- (Lavine) Shaughan, Under standing the Infinite, USA: Harvard,
1994.

38-) Leibniz) G., Discourse on Metaphysics (1686) trans

. P. Lucas and L. Grint, Manchester: Manchester Universiy Press, 1961

39- (Leibniz) G., New Essays Concerning the Human Understanding (1704) trans P. Remnant and J. Bennett, Cambridge: Cambridge Universiy Press, 1981, 1982.

40- (Leibniz) G., Monadology (1714) in Leibniz: Selections, ed. P. Wiener, New York: Schribner's, 1951 and New York: Bobbs-Merrill, 1965.

41- (Locke) John, An Essay Concerning Human Understanding (1690), 3th Edition, London: William Tegg., 1864.

42- (Locke) John, A letter Concerning Toleration (1689); Introduction by p. Romanell, 2nd. Edition, New York: The Liberal Arts Press, 1955.

43- (Locke) John, Two Treatises of Government (1690), Cambridge: Cambridge University Pren, 1967.

44- (Lloyd) G., Routledge Philosophy Guide book to Spinoza and the Ethics, London and New York, Routledge, 1996.

45- (Mahoney) Sean Michael, The mathematical career of Pierre de Fermat, 1601-1665, Princeton University Press, 1994 =

46- (Matvievskaya) G., "The Theory of Quadratic Irrationals in Medieval Oriental Mathematics", in Annals of the New York Academy of sciences, volume 500

47- (Meng) Jude, "Neo-Platonic Infinity and Aristotelian Unity", in Quodlibet Journal, volume 3 No 1, winter 2001.

48- (Moriarty) Catherine, The Voice of the Middle Ages, 1st ed., New York: Peter Bedrick Book, 1989.

49- Muslim Heritage in Our World; second editions (Editors S. Al-Hassani and E. Woodcock, Foundation for Science, Technology & Civilization, U.K, 2006.

50- (Nicholas) H., & (Bond) Lawrence, (translation); Nicholas of Cusa, 1st edition; New York, paulist press, 1997.

51- (Norton) D.F., The Cambridge Companian to Hume, Cambridge: Cambridge University Press, 1993.

52- (O'Connor) J. J. & (Robertson) E. F., (Feb. 1966), "A History of calculus", University of St. Andrews.

53- (O'connor) J. J. & (Rovertson) E. F., Francisco Maurolico, Mac Tutor History of Mathematics, December 1996. www.gap-system.org/history/printonly/Maurolico, entered 28 Oct. 2009.

54- (Porter) Theodore, "How Science Became Technical", in History of Science Society, Isis 2009, 100: 292-309.

55- (Prusinkiewicz) P. & (James) H., Lindenmayer systems, Fractals and Plants (Lecture notes in Biomathematics), Springer - verlag, 1989.

56- (Rashed) Rushdi, The Development of Arab Mathematics, London, 1994.

57-(Rescher) Nicholas & (Khatchadourian) Haig, "Al-Kindis Epistle on the finitude of the Universe", in Isis, 1956, vol. 56, 4, No. 186, p. 426.

58-(Rius) Monica, "Eclipses And Comets in the Rawd Al-Qirtas of Ibn Abi Zarc", in Science And Technology in The Islamic World; Edited by S. Ansari, Proceedings of the xxth International Congress of History of Science, Liege, 20-26 July 1997.

59-(Russell) B, History of Western Philosophy, New edition, London, 1961.

60-(Sanders) S. T., "Euclid and Infinity", Mathematical Association of America, JSTOR: Mathematics News Letter, Vol. 4, 7 (May, 1930).

61-(Saville) D., Routledge Philosophy Guide book to Leibniz and the Monadology, London: Routledge, 2000.

62-(Simmons) George, "Calculus Gems", in Mathematical Association of America. P. 1998, ISBNO 883855615, 2007.

63-(Spinoza) B., Treatise on the Correction of the Understanding (started 1661, published in 1677) trans, Andrew Boyle, London: Everyman Library No. 481, Dent, 1910, 1959, 1963.

64-(Spinoza) B., Ethics (started 1663, completed in 1675, published in 1677) trans, Andrew Boyle, London: Everyman Library No. 481, Dent, 1910, 1959, 1963.

65- Stanford Encyclopedia of philosophy,
www.Plato.stanford.edu/entries/Lucretius; entered 12 Oct, 2009.
(Lucretius second book (11742,1023).

66- (Taylor) C.C.W., 1999a, The Atomists: Leucippus and Democritus.
Fragments, A Text and Translation with Commentary, Canada:
Toronto, 1999.

67- Treece) Henry, The Crusades, 1st Ed., New York: Mentor Books,*
1964.

68- Turner) Howard R., Science in Medieval Islam, 3rd edition, USA:*
University of Texas press, 2002.

69- Turner) W, "Introduction: The English Stage", in King Henry 1V*
Shakespeare, 1/ XXII,XXIII, No Edition, New Delhi: S. Chand &W. /
Ltd., 1974, part I.

70- Walsh) W. H., Metaphysics, Hutchinson & co. Ltd. London, 1963*.

71- Warhaft) Sidney, Francis Bacon: A selection of his works, 1st*
Edition, Canada: Macmillan Co. Ltd., 1965.

72- Whyte) Lancelot Law, Essay on Atomism: From Democritus to*
1960, 1st Edition, London: Thomas Nelson & Sons Ltd., 1961.

73- Woods), R., 1990, "Meister Eckhart and the Neoplatonic Heritage,*
The Thinker's Way to God", in The Thomist 54

Y. Dold-Samplonius, "Development to in the solution to the -74
Equation from al-khwarizmi to Fibonacci, in Annals of the New York
.Academy of sciences, volume 500
*Zwemer) Samuel, Raymund Lull: first missionary to the Muslems, -75
New York and London: Funk & Wagnalls W., 1902, reprented by
.Diggory Press, 2006

كتب أخرى للمؤلف:
- البيئة في مئتي سؤال (2010).
- العلم والفلسفة الأوروبية الحديثة (2009).
- دليل الأسرة في توفير الطاقة (2008).
- علم البيئة وفلسفتها (2008).
- موسوعة أعلام الفكر العربي الحديث والمعاصر (2008).
- سلامة موسى: من رواد الفكر العلمي العربي المعاصر(2006).
- غالب هلسا مفكراً (مؤلف مشارك، 2005).
- حوارات حول الرطوبة والعفن (2005).
- تنمية التخلف العربي: في ظلال سمير أمين (2004).
- إسماعيل مظهر: من الاشتراكية إلى الإسلام (2004 ط1، 2008، ط2).
- حروب الفرنج ... حروب لا صليبية (2004 ط1، 2008، ط2).

- عباس محمود العقاد: من العلم إلى الدين (2003).
- فلسفة التحرر القومي العربي (مؤلف مشارك، 2003).
- أمثال شعبية مختارة (جمع وتحقيق، 1994)
- الرطوبة والعفن في الأبنية (1991 ط1، 2001 ط2).
- عيوب الأبنية (1986 ط1، 2000 ط2).
- محمّد أركون مفكراً (مؤلف مشارك، مخطوط).
- الحجاب في التاريخ (مخطوط)
- ظاهرة الانحباس الحراري (مخطوط).
- الطاقة في حياتنا (مخطوط).
- علم أخلاقيات البيئة (مخطوط).
- علماء النهضة الأوروبية (مخطوط).

العنوان البريدي: ص. ب 830305 عمّان 11183 المملكة الأردنية الهاشمية
العنوان الإلكتروني: Ayoub101@hotmail.com

المحتويات

181